职业院校汽车专业任务驱动教学法创

柴油机维修教程

主　编　曾小珍　梁　宏

副主编　李井清

参　编　刘　斌

主　审　胡国启

电子工业出版社.

Publishing House of Electronics Industry

北京·BEIJING

内 容 简 介

本书为教育部职业教育与成人教育司推荐教材，本书共 6 章，主要内容包括柴油机概述和燃料供给系统、柴油机供油系统和增压装置的检修、电控柴油机的使用与保养技术、柴油机故障诊断与排除、电控柴油机高压共轨系统的构造与原理及实训工作页。

本书既可作为中等职业技术学校汽车运用与维修专业选修科目中的"柴油机维修专门化"教学用书，也可作为柴油机快速维修技术培训班的培训用书及高职高专相关专业学生的实训指导书。

图书在版编目（CIP）数据

柴油机维修教程 / 曾小珍，梁宏主编. —北京：电子工业出版社，2017.9

ISBN 978-7-121-31988-4

Ⅰ．①柴… Ⅱ．①曾… ②梁… Ⅲ．①柴油机—维修—中等职业教育—教材 Ⅳ．①TK428

中国版本图书馆 CIP 数据核字（2017）第 139821 号

策划编辑：郑　华
责任编辑：裴　杰
印　　刷：三河市鑫金马印装有限公司
装　　订：三河市鑫金马印装有限公司
出版发行：电子工业出版社
　　　　　北京市海淀区万寿路 173 信箱　邮编　100036
开　　本：787×1 092　1/16　印张：14　字数：359 千字
版　　次：2017 年 9 月第 1 版
印　　次：2017 年 9 月第 1 次印刷
定　　价：33.00 元

前 言
PREFACE

进入 2017 年后，电控柴油机的应用越来越广，为适应市场的需求和教学的需要，我们在广泛征求柳州市柴油机维修企业和广西玉柴机器股份有限公司的意见和建议，并在玉柴技术部门的大力协助下，第四次对本书进行修编，而且紧跟一体化教学的需求，书本知识包含理论和实操训练内容。

本书在上一版基础上进行了较大修编，根据目前汽车修理行业的特点，对第 1 章和第 5 章内容进行了较大的增减，更多地突出柴油机燃料系统的知识和维修技能；第 3 章重点讲述电控柴油机的使用与保养技术；第 5 章主要讲述柴油机电控共轨系统的知识以及故障诊断与排除的方法。本次修编主要体现出以下几个特色。

1. 按模块式教学思路，拟定若干课题，采用左图右文的编排形式，按照企业的技术岗位要求，规范操作技能和技术要求，具有较强的针对性和可操作性。

2. 突出专项能力的培养，采用工作过程系统化教学模式，注重理论实践一体化教学，打破传统的章节教学模式。

3. 依据维修企业的需求和现代柴油机维修技术的发展，本书增加了电控柴油机的使用与保养技术等内容，加深知识的深度，拓宽知识的内容，简化故障诊断的流程，使得修编后知识点更多，知识面更广，技术的含量更高，可操作性更强，适合职业院校学生一体化教学。

4. 由于广西玉柴发动机的市场占有率较高，以及电控柴油机的应用日益增多，本书增加了博世高压共轨系统的原理和检修，增添了更多电控柴油机的故障诊断与排除方法，侧重未来柴油机的发展方向，培养符合未来汽车后市场相应岗位的综合人才。本书亦可作为柴油机维修技术短期培训班学员的教学用书。

本书编写分工如下：广西柳州市第一职业技术学校曾小珍负责前言、第 1 章、第 2 章、第 3 章、第 4 章的编写；梁宏负责第 5 章的编写；李井清负责第 6 章电控部分内容的编写，曾小珍负责机械式部分修编。柳州市柴油机维修企业的专家和玉柴电控柴油机参编人员吴显玲工程师对本书的出版给予了大力支持，在此表示感谢！本书由曾小珍、梁宏担任主编，李井清担任副主编，玉柴机器股份有限公司副总工程师胡国启担任主审。

由于编者水平有限，书中疏漏之处在所难免，欢迎广大读者批评指正。

编　者

目 录
CONTENTS

第1章

柴油机概述和燃料供给系统

柴油机是压燃式内燃机，因其使用的燃料是柴油，故而得名。

常用的柴油机多为水冷式四冲程机，它的一个工作循环经历了进气、压缩、燃烧膨胀做功和排气四个连续过程，如图1.1所示。

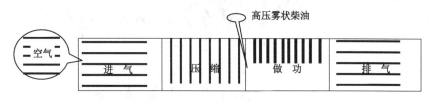

图1.1　柴油机的一个工作循环

每一个过程活塞都从一个止点向另一个止点运动，人们把这个运动叫"行程"或"冲程"，每一个工作循环，进、排气门都会按一定规律开闭，配合活塞、连杆和曲轴有序地运动，使空气与燃料得以混合燃烧膨胀做功，最终完成能量转换。

1.1 柴油机概述

2．了解柴油机主要部件的构造和工作原理。

目标

掌握柴油机的构造和工作原理，为拆装实习和修理打基础。

知识要点

1．柴油机的构造和工作原理；
2．进、排气系统的构造及增压器和中冷器的构造；
3．燃料供给系统的构造。

1.1.1 柴油机构造和工作过程

1．水冷式四冲程柴油机的构造

图 1.2 所示为单缸四冲程柴油机简单结构图，它由气缸、曲轴箱、活塞、活塞销、连杆、曲轴、进气门、排气门、喷油泵、喷油器、正时齿轮和凸轮机构等组成。

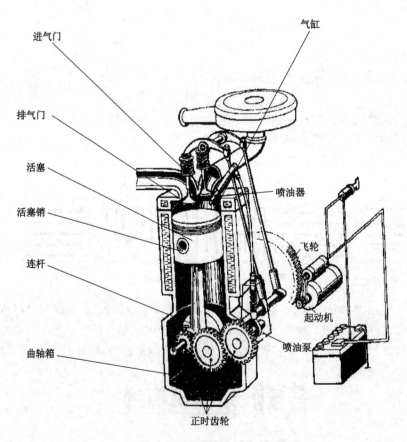

图 1.2 单缸四冲程柴油机简单结构图

常用的水冷式四冲程柴油机是多缸自然吸气式柴油机，近年来，废气涡轮增压柴油机也获得广泛应用。

多缸柴油机通常由两大机构、四个系统组成，即由曲柄连杆机构、配气机构、燃料供给系统、冷却系统、润滑系统和起动系统组成。废气涡轮增压柴油机在排气管上串装了废气涡轮增压装置。

2. 柴油机基本术语

柴油机基本术语如图 1.3 所示。

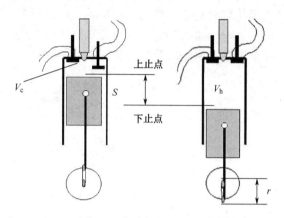

图 1.3　柴油机基本术语示意图

（1）上止点：活塞离曲轴回转中心的最远位置。

（2）下止点：活塞离曲轴旋转中心的最近位置。

（3）曲柄半径（r）：曲轴旋转中心到曲柄销中心的距离（mm）。

（4）活塞行程（S）：上、下止点间的距离（$S=2r$）。

（5）燃烧室容积（V_c）：当活塞位于上止点位置时，活塞顶上面的气缸空间叫做燃烧室容积（V_c）。

（6）气缸工作容积（V_h）：活塞从上止点移动到下止点，它所扫过的容积 $V_h=\pi D^2 S \times 10^{-6}/4$（L）；气缸直径用 D 来表示，单位为 mm。

（7）气缸总容积（V_a）：活塞位于下止点时，活塞顶上部的全部气缸容积（$V_a=V_c+V_h$）。

（8）柴油机的排量（活塞总排量 V_H）：多缸柴油机所有气缸工作容积之和。若气缸数为 i，则

$$V_H = i \cdot V_h\text{（L）}$$

（9）压缩比（ε）：气缸总容积与燃烧室容积的比值（$\varepsilon=V_a/V_c=1+V_h/V_c$）。

3. 四冲程自然吸气式柴油机工作过程

柴油机将热能转变为机械能的过程，是经过进气、压缩、做功和排气四个连续的过程，每进行一次这样的过程叫做一个工作循环，无数个工作循环连续不断，使柴油机曲轴得以连续旋转，对外输出功率。每个工作循环的工作过程如下。

（1）进气行程：进气门打开，排气门关闭，活塞从上止点移动到下止点，吸入新鲜空气。

（2）压缩行程：进、排气门都关闭，活塞从下止点移动到上止点，空气被压缩，温度

升高。

（3）做功行程：进、排气门都关闭，喷油器喷入气缸的柴油在高温的空气中着火燃烧，气缸内压力升高，推动活塞往下运动，通过连杆带动曲轴旋转，对外做功。

（4）排气行程：进气门关闭，排气门打开，活塞从下止点移动到上止点，排出气缸内的废气。

4. 废气涡轮增压柴油机工作过程

废气涡轮增压柴油机是在自然吸气机的基础上，在排气管上串接一个涡轮机，当柴油机的废气流经涡轮叶片时，涡轮旋转起来，带动同一根轴上的压气机一起旋转，旋转的压气机把新鲜空气吸入并加压，将一定压力的空气连吸带压送入气缸内，增加柴油机的进气量，使柴油机功率提高。每个工作循环过程各行程如图1.4～图1.7所示。

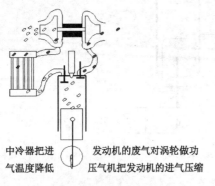

图 1.4　柴油机的进气行程

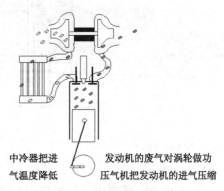

图 1.5　柴油机的压缩行程

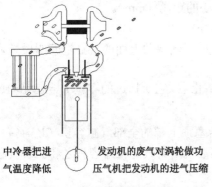

图 1.6　柴油机的做功行程

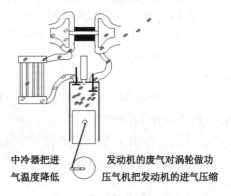

图 1.7　柴油机的排气行程

5. 柴油机型号

按照《内燃机产品名称和型号编制规则》GB725—82的规定，以玉柴机器股份有限公司产品 YC6108ZQB/ZLQB/ZGB 为例，说明柴油机型号含义。

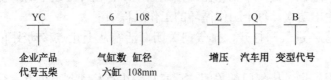

若在"6"之后有"E",表示该柴油机为二冲程,否则为四冲程;"F"为风冷机,四冲程和水冷无须用字母表示;在"Z"之后冠有"L"表示为中冷式增压机;"G"表示该柴油机与工程机械配套;"C"表示船用主机或辅机;"T"表示拖拉机使用。

6. 柴油机的主要性能指标和特性

(1)柴油机的主要性能指标

柴油机的主要性能指标有动力性指标(有效扭矩、有效功率、转速等)和经济性指标(燃油消耗率)。

① 有效扭矩(M_e):柴油机通过飞轮对外输出的扭矩,称为有效扭矩(M_e),单位为N·m。有效扭矩与负荷施加在柴油机曲轴上的阻力矩相平衡。柴油机的扭矩是气体作用在活塞上的力通过连杆推动曲轴而产生的,因此,对于一台柴油机来说,有效扭矩的大小主要取决于气体作用在活塞上的平均压力,而平均压力与充气量、各种内部损失(热量损失、漏气、摩擦等因素)有关。

② 有效功率(N_e):柴油机在单位时间内对外做功的量,又叫做功的速率,单位为kW。它等于有效扭矩与曲轴转速的乘积。

$$N_e=2\pi nM_e\times10^{-3}/60$$

式中,n 为转速(r/min)。

柴油机产品铭牌上标明的功率及相应转速称为标定功率和标定转速。按内燃机台架试验国家标准规定,发动机的标定功率分为15min功率、1h功率、12h功率和持续功率四种。鉴于汽车发动机经常在部分负荷下,即在较小的功率情况下工作,仅在克服上坡阻力和加速等情况下才短时间地使用最大功率,为了保证发动机有较小的结构尺寸和质量,汽车发动机经常用15min功率作为标定功率。

③ 有效燃油消耗率(g_e):柴油机每发出1kW有效功率,在1h内所消耗的燃料质量,单位为g/(kW·h)。

$$g_e=G_T\times10^3/N_e$$

式中,G_T 为每小时的燃油消耗量(kg/h)。

(2)柴油机的特性

柴油机有效性能指标随调整情况和使用工况变化而变化的关系称为柴油机特性,通常用曲线表示它们之间的关系,这条曲线称为特性曲线。柴油机外特性代表了其所具有的最高动力性能。以下对外特性曲线进行分析。

图 1.8 所示为 YC6105ZLQ(140kW)柴油机外特性曲线图。由图可知,柴油机转矩 M_e 随柴油机转速 n 增加而缓慢增加,在转速 1400r/min 左右时转矩最大。在中等转速范围内,M_e 随 n 变化很小;在高速时,由于柴油机进气阻力和内部摩擦功率的损耗,M_e 将随 n 增加而降低,柴油机的转矩曲线就比较平缓下滑,这对柴油机运转的稳定性和克服超载能力是不利的。为此,柴油机必须通过喷油泵调速器中的油量校正装置来改变柴油机外特性转矩曲线。功率 N_e 曲线由于受转速 n 的影响较大,随着转速的升高,输出功率会随之增大,有利于提高车辆的行驶速度。有效燃油消耗率(g_e)又叫比油耗,从图中看出该系列柴油机转速在 1300～1600r/min 区间运行,是比较经济的,开车时只要勤换挡,使各挡车速控制在最低比油耗转速区间运行,可以获得较好的节油效果。

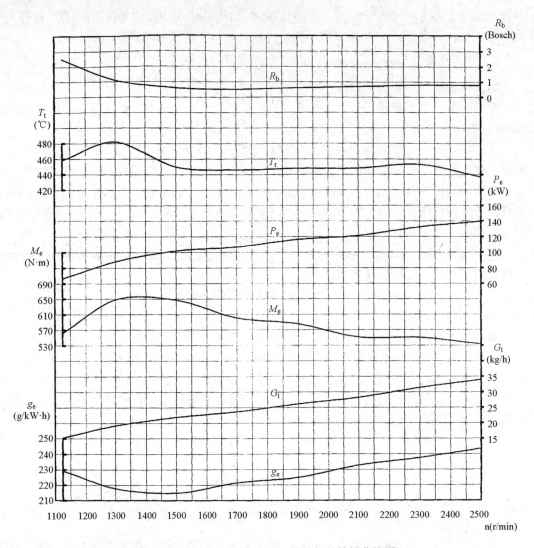

图 1.8　YC6105ZLQ（140kW）柴油机外特性曲线图

在柴油机特性中，还有负荷特性和万有特性，万有特性是供设计师们选择与机械匹配的柴油机使用的，如图 1.9 所示。

7. 柴油机的外形结构

柴油机外形结构如图 1.10～图 1.12 所示。

8. 汽油机和柴油机的比较

由于其工作原理和结构不同，柴油机和汽油机各有优缺点（见表 1.1）。

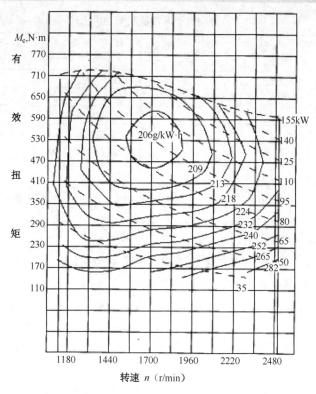

图 1.9　YC6105ZLQ（155kW）柴油机万有特性曲线

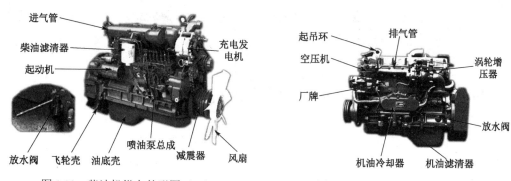

图 1.10　柴油机纵向外形图（一）　　　　图 1.11　柴油机纵向外形图（二）

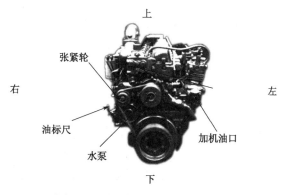

图 1.12　柴油机横向外形图（三）

表 1.1　汽油机和柴油机比较

比 较 内 容	汽 油 机	柴 油 机	比 较 内 容	汽 油 机	柴 油 机
燃料	汽油	柴油	转速	高	低
混合气形成	一般为缸外	缸内	工作平稳性	柔和	粗暴
点火方式	点燃	压燃	起动性	容易	较难
压缩比	低	高	主要排放物	CO、HC、NO	炭烟
热效率	20%～30%	30%～40%	制造成本	低	高
燃料消耗率	高	低	使用寿命	短	长

柴油机还具有以下优点：

（1）价格便宜。柴油价格较为低廉。柴油提炼时间短，价格通常比汽油便宜。

（2）柴油机节省燃油。柴油机比汽油机燃烧效率高，节油性能好，数据表明，柴油车比汽油车要节省30%左右的燃油。

（3）二氧化碳排放减少。柴油轿车二氧化碳的排放量比汽油轿车低30%～45%。

（4）颗粒物和氮氧化物等气体污染物的排放大为降低。现在的轿车柴油发动机可以达到Ⅳ排放标准，若再对汽车尾气进行处理，先进柴油轿车甚至可达到欧Ⅴ排放标准。

（5）柴油不易挥发、燃点高，性能稳定，在保存和运输过程中，安全系数高。

（6）柴油车具有高转矩的特点，使其动力性要优于汽油车。

小结

1．柴油机的作用是将柴油通过燃烧后转化为热能，再把热能通过膨胀做功转化为机械能。

2．活塞行程是指上、下止点间的距离。

3．气缸工作容积是指上、下止点间的容积。

4．柴油机排量是所有气缸工作容积的总和。

5．压缩比是气缸总容积与燃烧室容积的比值。

6．四冲程柴油机的四个行程是进气行程、压缩行程、做功行程和排气行程。

7．柴油机是由曲柄连杆、配气两个机构和燃料供给系统、润滑系统、冷却系统和起动系统四个系统组成的。

8．柴油机的动力性指标主要有：有效功率 P_e 和有效转矩 M_e。

9．柴油机的经济性指标是有效耗油率 g_e。

实训要求

实训：柴油机总体结构认识

1．实训内容：观察剖析柴油机或柴油机模型在转动时，各组成部分之间的连接关系和相互运动关系。

2．实训要求：认识四冲程柴油机的主要组成部分的名称和结构形状；了解四冲程柴油机的工作过程。

复习思考题

1. 填空题

（1）柴油发动机由＿＿＿＿＿＿、＿＿＿＿＿＿、＿＿＿＿＿＿、＿＿＿＿＿＿和＿＿＿＿组成。

（2）四冲程柴油机曲轴转两周，活塞在气缸里往复行程＿＿＿＿次，进、排气门各开闭＿＿＿＿次，气缸里热能转化为机械能一次。

（3）柴油机的动力性指标主要有＿＿＿＿、＿＿＿＿；经济性主要指标是＿＿＿＿。

（4）柴油机每一次将热能转化为机械能，都必须经过＿＿＿＿、＿＿＿＿、＿＿＿＿和＿＿＿＿这样一系列连续过程，称为柴油机的一个＿＿＿＿。

2. 解释术语

（1）上止点和下止点

（2）压缩比

（3）活塞行程

（4）发动机排量

（5）柴油机有效转矩

（6）柴油机有效功率

（7）柴油机燃油消耗率

3. 判断题（正确打√，错误打×）

（1）柴油机各气缸的总容积之和，称为柴油机排量。 （　　）

（2）柴油机的燃油消耗率越小，经济性越好。 （　　）

（3）柴油机总容积越大，它的功率也就越大。 （　　）

（4）活塞行程是曲柄旋转半径的 2 倍。 （　　）

（5）发动机转速过高过低，气缸内充气量都减少。 （　　）

（6）柴油机转速增高，其单位时间的耗油量也增高。（　　）

（7）柴油机最经济的燃油消耗率对应转速是在最大转矩转速与最大功率转速之间。
（　　）

4．选择题

（1）柴油机的有效转矩与曲轴角速度的乘积称为（　　）。

　　A．指示功率　　　B．有效功率　　　C．最大转矩　　　D．最大功率

（2）燃油消耗率最低的转速是（　　）。

　　A．柴油机怠速　　B．柴油机高速　　C．柴油机中速　　D．柴油机低速

5．问答题

（1）简述四冲程柴油机的工作过程。

（2）试从经济性角度分析，为什么汽车发动机将会广泛采用柴油机（提示：外特性曲线）？

1.1.2　进、排气系统的构造

1．进、排气系统的功能和组成

（1）进、排气系统的功用：是向柴油机各工作气缸提供新鲜、清洁、密度足够大的空气，使柴油机能充分燃烧，性能得以充分发挥，同时确保其安全性和可靠性。

（2）废气涡轮增压柴油机进、排气系统的组成：由空气滤清器、进气管、涡轮增压器、中冷器、排气管、消声器等组成，如图 1.13 所示。

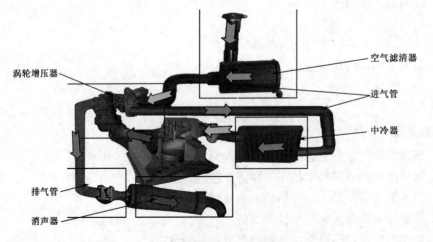

图 1.13　废气涡轮增压柴油机进、排气系统

2. 涡轮增压器的结构和工作原理

（1）涡轮增压器的认知

① 涡轮增压器由柴油机排出的高温和有一定压力的废气作动力源，转速高达 11 万 r/min。

② 增压压力在 100kPa 以上。

③ 涡轮增压器冷却介质是机油、空气。

④ 涡轮增压器若断机油 4s、缺机油 8s 轴承就会损坏。

（2）涡轮增压器的结构

涡轮增压器由涡轮、涡轮壳、压缩机轮、压缩机壳、旁通阀机构、中间体轴承和密封环等组成，如图 1.14 所示。

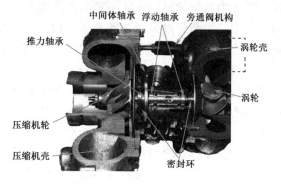

图 1.14　涡轮增压器的结构

（3）柴油机增压与中冷的工作原理

YC6108ZQB/ZGB 系列柴油机采用了废气涡轮增压技术，YC6108ZLQB 系列柴油机则采用了废气涡轮增压中冷技术。其工作原理如图 1.15 和图 1.16 所示。

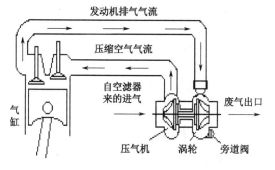

图 1.15　涡轮增压工作原理

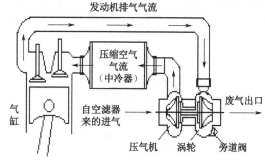

图 1.16　涡轮增压中冷工作原理

由图 1.15 可知，柴油机排气管接到增压器的涡轮壳上，柴油机排出的高温和有一定压力的废气进入涡轮壳，由于涡轮壳的通道面积由大到小，因此废气的温度和压力下降，而速度却迅速提高。这个高速的废气气流按照一定的方向冲击涡轮使涡轮高速旋转。因为涡轮与压气机叶轮装在同一根转轴上，所以叶轮与涡轮以相同的速度旋转，将新鲜的空气吸入压气机壳。旋转的压气机叶轮将空气压缩提高其密度后送入气缸。

采用废气涡轮增压的柴油机工作时，自柴油机排气管排出的废气引入涡轮，高温高速的废气气流推动涡轮高速旋转，同时带动与涡轮同轴的压气机同步高速旋转；压气机高速旋转时，将经过空气滤清器过滤的空气吸入并压缩，然后通过管道流经柴油机进气管并送入气缸内，提高了气缸内空气的充量和密度。因此，在供油系统的配合下，可向气缸内喷射更多的燃料使之较充分燃烧，进而提高柴油机的动力性和经济性。所以，增压柴油机具有比自然吸气式柴油机更高的动力性、经济性和更好的排放水平。此外，柴油机体积与非增压机相比，同等功率重量比越小，柴油机的噪声与震动将大大减少。

图1.16所示为是采用涡轮增压中冷技术的柴油机，其工作原理与非中冷机基本相同，不同的是，空气经过压缩后，先经过一个中间冷却器冷却，然后再送入气缸。经过中间冷却后的空气，由于温度降低、密度增大，进入气缸的压缩空气量也就增加，因而可以向气缸内喷射比单纯增压机型更多的燃料，使之更充分燃烧。

增压器是影响增压与增压中冷柴油机工作的关键部件总成之一。

普通增压器工作时，随着柴油机转速或负荷的升高，增压器转速和压气效率（增压压力）随之升高，气缸内爆发压力也随之迅速升高。当增压压力达到或超过某一限定值时，气缸内爆发压力将超过柴油机机械负荷的许可值；另外，过高的增压压力会使柴油机排气能量过大，并导致增压器涡轮与压气机超高速（130000～200000r/min）旋转而遭到损坏。而柴油机在低速时，增压器的压气效率（增压压力）相对较低，燃烧不够充分，转矩相对较小，柴油机易冒黑烟和油耗偏高；这对于道路条件相对较差、且多为中低车速行驶与超载较严重和需要低速大转矩的载重车、牵引车、非公路车辆（自卸车、越野车等）和城市公交车来说，无疑难以满足使用要求。增压器的气体流向如图1.17所示。

为解决这些矛盾，目前国内车用柴油机增压器匹配了体积尺寸相对较小、转动惯量小、低速反应快、压气效率高的小型增压器，以确保柴油机低速扭矩足够大。

为防止增压压力过高和增压器因过速而损坏，在增压器涡轮上特增设一个旁通阀，如图1.18所示，使其在增压压力超过限值时旁通阀自动打开，让一部分排气废气被旁通掉（不通过涡轮），从而限制涡轮轴的转速和控制增压压力。

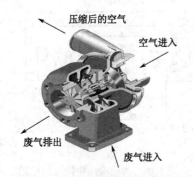

图1.17　增压器的气体流向

图1.18　旁通阀的工作原理

（4）旁通阀的工作原理

由于压气机压力控制旁通阀的开启与关闭，出厂时，旁通阀已经精确调整，从而得到一个简单的可变流量的涡轮壳，压力大时，部分柴油机废气经旁通阀排出，这样达到既改善低速性能，又避免高速工况时气缸爆发压力过高的目的。

（5）增压器的润滑系统和密封

增压器润滑系统的作用：向轴承系统提供润滑（并为转子动平衡提供油膜支撑），带走来自涡轮工作的热量。

增压器的润滑系统，如图 1.19 所示。增压器的密封原理如图 1.20 所示。

3. 中冷器的作用与结构

（1）中冷器的作用

将从涡轮增压器压气机出来的温度升高的空气进行冷却，以提高空气的密度。

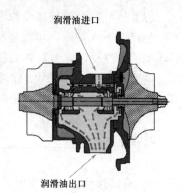

图 1.19　增压器润滑系统

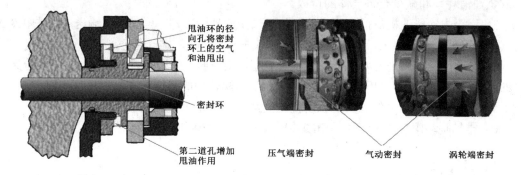

图 1.20　增压器密封原理

（2）中冷器分类

根据冷却介质不同，有空-空式中冷器和水-空式中冷器两种。

（3）中冷器的结构

中冷器主要由散热芯和箱体组成，如图 1.21 所示。

4. 排气制动阀的作用和结构

（1）排气制动阀的作用

辅助汽车制动。

（2）排气制动阀的结构

排气制动阀主要由阀体、阀门等组成，如图 1.22 所示。

图 1.21　中冷器的结构

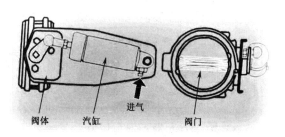

图 1.22　排气制动阀的结构示意图

（3）排气制动阀的工作原理

当汽车下长坡时，可以使用排气制动阀辅助制动，保证车辆行驶安全，当阀门关闭时柴油机的排气受阻，气缸内背压增大，迫使柴油机转速下降，使汽车速度下降。

注意： 当排气制动阀工作时，不得给柴油机施加大于 241kPa 的排气背压；一般情况下，不要使用排气制动阀，否则会缩短柴油机的使用寿命。

小结

1．进、排气系统的作用是向气缸提供新鲜、清洁和密度足够大的气体。

2．增压柴油机的工作原理就是向气缸提供有一定压力的气体，以提高柴油机的功率，降低燃油消耗率和减少有害气体的排放。

3．增压中冷柴油机是把增压后的气体经过中冷器的冷却，再向气缸输送，经过中冷的进气温度降低、密度增大，使得柴油机的功率进一步提高，排放更好。

4．旁通阀的作用是使增压器在增压压力超过限值时，旁通阀自动打开，让一部分柴油机的排气废气被旁通掉（不通过涡轮），从而限制涡轮轴的转速和控制增压压力。

5．增压器的润滑系统主要向轴承提供润滑油并带走来自涡轮工作的热量。

6．排气制动阀是汽车制动的辅助装置，但应尽量少用。

实训要求

实训：柴油机进、排气系统认识

1．实训内容：结合柴油机的拆装实习认识进、排气系统的结构。

2．实训要求：掌握柴油机进、排气系统的结构和装配关系。

复习思考题

1．简答题

（1）简述进、排气系统的功用。

（2）简述增压器的工作原理。

（3）简述旁通阀的作用。

（4）为什么安装涡轮增压器的系统中要进行空气冷却？

2．判断题（正确打√、错误打×）

（1）因为柴油的自燃点比汽油低，所以柴油不需要点燃，仅依靠压缩行程终了时气体的高温即可自燃。　　　　　　　　　　　　　　　　　　　　　　　　　　（　　）

（2）一般情况下使用排气制动阀可以辅助汽车制动。　　　　　　　　　　（　　）

（3）增压器润滑不但可以润滑轴承，还可以带走来自涡轮工作的热量。　（　　）

3．选择题

（1）（　　）是影响增压与增压中冷柴油机工作的关键部件总成之一。

A．喷油器　　　　B．增压器　　　　C．喷油泵

（2）下面不属于涡轮增压器的零件是（　　）。

A．涡轮　　　　B．涡轮壳　　　　C．压缩机轮　　　　D．泵体

（3）涡轮增压器的旁通阀在（　　）情况下打开，以减少增压强度。

A．进气歧管压力高时　　　　　　B．进气歧管压力低时

C．急加速时　　　　　　　　　　D．都有可能

1.1.3　燃料供给系统

1．概述

（1）柴油机燃料供给系统的功能

柴油机燃料供给系统的功能是根据柴油机的不同转速和不同负荷要求，定时、定量、定压地将雾化质量良好的柴油以一定的要求喷入气缸内，并使这些燃油与空气迅速地混合和燃烧。所谓定时，就是按照配气相位的要求；定量，则是保证一定的油量，满足动力性输出的要求；定压，则要求喷入汽缸的燃油具备一定的动能与空气进行混合。燃油供给系统的工作情况对柴油机的功率和油耗有重要的影响。

（2）柴油的特性

① 蒸发性差、流动性差、自燃温度低——必须采用高压喷射雾化的方法与空气混合，因此，柴油机必须具有很大的压缩比、很高的喷油压力、很小的喷油器喷孔。

② 热值高——发动机功率大，经济性好。

③ 燃烧极限范围宽——属烯燃发动机，排放中 CO、HC 较少；输出功率取决于油量的调节。

（3）燃油系统的基本功能

① 通过加压机构使燃油变成高压。

② 调节喷油量，以改变输出功率。

③ 能调节喷油时刻，以使燃烧彻底。

（4）燃料供给系统的组成

① 组成。

燃料供给系统由柴油箱、喷油器、喷油泵、柴油滤清器、低压油管、高压油管等组成，如图 1.23 所示。

② 燃料供给系统主要零部件及其基本功能。

a．喷油泵：对燃油进行加压、计量，并按照一定的次序将燃油供入到各个气缸所对应的喷油器中。

b．提前器：连接在柴油机驱动轴和喷油泵凸轮轴之间，由于其内部机构的作用，可改变喷油泵喷油时间。这是一个自动相位调节机构。

c．调速器：检测出柴油机的即时转速，并将即时转速和设定的转速进行比较，产生与两种转速差相对应的作用力，使柴油机的转速向设定转速逼近。调速器既是一种速度传感器，又是调节喷油量的执行器，是一种典型的速度自动调节装置。

d．喷油器：喷油器安装在柴油机气缸盖上，将喷油泵送来的高压燃油喷入燃烧室内。

喷油器是一个自动阀，可以设定其开阀压力，而喷油器的结构决定其关闭压力。

e. 输油泵：将油箱中的燃油吸出来，燃油经过柴油滤清器滤清后，送入到喷油泵的低压腔中。

f. 高压油管：无缝钢管，将喷油泵中的高压燃油送入喷油器中。

g. 滤清器：将燃油中的杂物滤去，保证喷油嘴正常工作。

h. 回油管：连接喷油器回油口，将多余的燃油送回油箱。

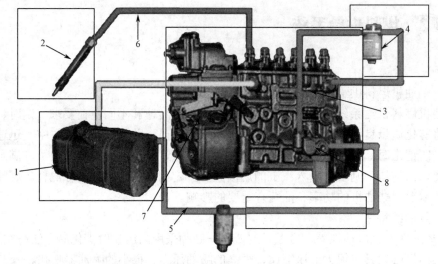

1—柴油箱；2—喷油器；3—喷油泵；4—柴油滤清器；5—低压油管；6—高压油管；7—调速器；8—输油泵

图1.23　柴油机燃料供给系统

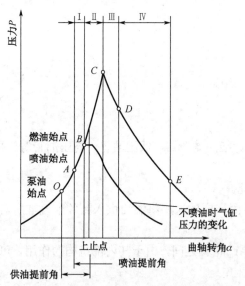

O—喷油泵开始供油时刻；A—喷油器开始喷油时刻；B—自燃点

图1.24　气缸压力与曲轴转角的关系

（5）柴油机的燃烧过程和燃烧室

① 柴油机的燃烧过程。

柴油机的柴油与空气在缸内混合，因此需要有较大的供油提前角，如YC6105QC（自然吸气）供油提前角（曲轴转角）在上止点前为 $18°±2°$（随泵调整），YC6108ZQ（增压机型）的供油提前角为 $9°～11°$，见图1.24）。

a. 供油提前角：泵油始点 D 至活塞上止点所对应的曲轴转角。若供油提前角过大，由于喷油时气缸内空气温度较低，混合气形成条件差，则着火准备期过长，柴油机工作粗暴，可听到清脆而有节奏的"嘎、嘎"振动声，导致油耗增加，功率下降，怠速不稳或起动困难；若供油提前角过小，将使燃烧过程延后，则着火发生在活塞下行时，燃烧最高温度及压力下降，柴油机过热，热效率显著下降，排气管冒白烟，柴油机动力性、经济性变坏。所以，柴油机要求供油正时。

b. 喷油提前角：喷油始点 A 至活塞上止点所对应的曲轴转角。最佳喷油提前角是指转速和供油量一定条件下能获得最大功率和最低油耗率的喷油提前角。

喷油器的喷油提前角实际上是由喷油泵的供油提前角来保证。为了满足最佳喷油提前角随转速升高而增大的要求，车用柴油机喷油泵装有供油提前角自动调节器。喷油泵安装时的供油提前角称为初始（静态）供油提前角。例如，玉柴的 YC6105QC 型柴油机的初始供油提前角为上止点前 18°±2°。

c. 喷油延迟期：是喷油泵供油始点 D 到喷油器喷油时刻 A 的间隔时间。高压油管越长，喷油延迟期越长；高压油腔的膨胀量越大，喷油延迟期越长。因此应尽量缩短喷油延迟期。

d. 燃烧延迟期（$A—B$）：是因为喷油后，混合气形成需要一定的时间才能着火，由此，形成了燃烧延迟期。燃烧延迟期越长，累积的燃油越多，着火时的压力增加越快，使柴油机工作粗暴，发动机的噪声越大。

燃烧延迟期取决于以下几项因素：

- 燃油的十六烷值。
- 混合气形成的过程（喷油压力、喷油嘴形式、压缩比和燃烧喷射的方式等）
- 柴油机的温度等。

② 柴油机的燃烧室

柴油机燃烧室大致有直喷式、预燃室式、分隔式三种。

a. 直喷式燃烧室（见图 1.25）：直喷式燃烧室燃烧室呈浅盘形，喷油器的喷嘴直接伸入燃烧室。这种燃烧室结构紧凑，散热面积小，因将燃油直接喷入燃烧室，故发动机起动性能好，做功效率高。

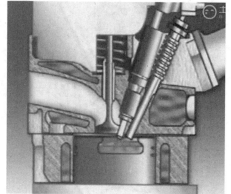

图 1.25　直喷式燃烧室

直喷式燃烧室一般采用孔式喷油器，可选配双孔或多孔喷油器嘴。根据喷油器的安装形式可选用 ω 型活塞和球形活塞（见图 1.26、图 1.27）。

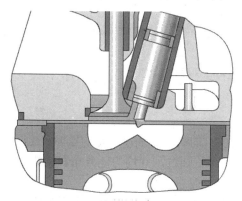

图 1.26　ω 型活塞

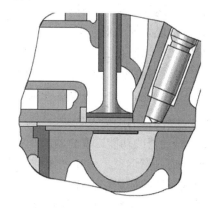

图 1.27　球形活塞

ω 型活塞配合四孔喷油器，可使得在燃烧室内形成 ω 型涡流，促进燃油与空气的混合。

球形活塞配合直列放置的喷油器，可使喷注由中间向四周形成涡流。目前，新型的燃油共轨系统多采用此种形式的燃烧室和活塞。

b. 预燃室式燃烧室（见图1.28）：这种燃烧室有主、副两个燃烧室，其间有孔相通。喷油器装在副燃烧室内，柴油在副燃烧室内燃烧后喷入主燃烧室，推动活塞向下运动。

由于自燃主要发生在副燃烧室内，而主燃烧室内主要是扩散燃烧，因此，这种燃烧室工作较柔和，噪声较小。但是，因其散热面积较大，故热效率较低，目前较少采用。

预燃室式燃烧室一般采用浅盆形或平顶活塞，以减少散热面积。

c. 分隔式燃烧室：为了增加主燃烧室内的涡流，使燃油能得到充分的空气进行扩散燃烧，有些柴油机设有主、副燃烧室。一部分位于活塞顶与缸盖底面之间，称为主燃烧室；另一部分在气缸盖内，称为副燃烧室。副燃烧室又有涡流室式和预燃室式两种，图1.29所示为涡流室式燃烧室，主燃烧室与涡流室两腔室有通道相连。涡流室式燃烧室一般采用平顶活塞，配合孔式喷油器一起使用。

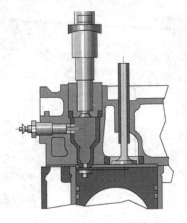

图1.28　预燃室式燃烧室

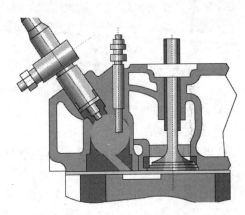

图1.29　涡流室式燃烧室

预燃室式燃烧室和涡流室式燃烧室一般均须安装预热塞。

在压缩行程期间，涡流室内形成旋涡气流，多数燃油在涡流室内被点燃。然后，其余燃油在主燃烧室内继续燃烧，分隔式燃烧室一般采用轴针式喷油器，喷油压力要求不高。

优点：运转平稳，转速范围宽。

缺点：燃烧压力低，动力性差。起动性能差，一般需要使用预热装置。

分隔式燃烧室在客车上使用广泛。

③ 各种燃烧室系统比较：各类燃烧室的特点比较如表1.2所示。

2. 喷油器的功能、结构和工作原理

（1）喷油器的功能及要求

① 喷油器的功能。喷油器的功能是将喷油泵供给的高压燃油以一定的压力、速度、方向和形状喷入燃烧室，使喷入燃烧室的柴油雾化成雾状颗粒，并均匀地分布在燃烧室中，以利于混合气的形成和燃烧。

柴油机燃料系统里最末端的器件是喷油器，即喷油泵的各种功能最终是通过它来实现的。因此，喷油器的品质和技术状况的好坏在相当大的程度上反映燃料系统的其他重要参数，决定混合气形成的质量，最终关系到柴油机的功率指标、经济指标和环保指标。

表 1.2　各种燃烧室系统比较

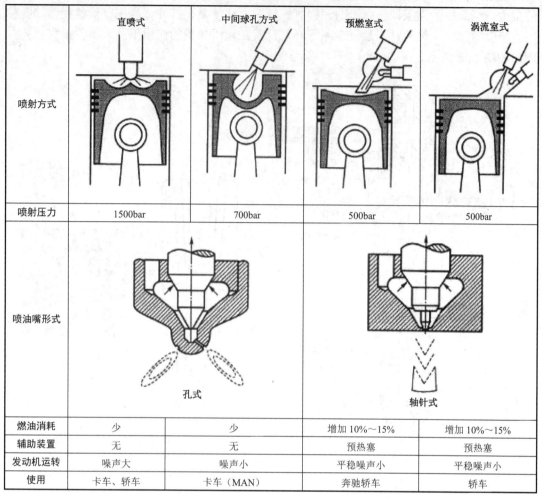

	直喷式	中间球孔方式	预燃室式	涡流室式
喷射压力	1500bar	700bar	500bar	500bar
喷油嘴形式	孔式		轴针式	
燃油消耗	少	少	增加 10%～15%	增加 10%～15%
辅助装置	无	无	预热塞	预热塞
发动机运转	噪声大	噪声小	平稳噪声小	平稳噪声小
使用	卡车、轿车	卡车（MAN）	奔驰轿车	轿车

② 对喷油器的要求。

a. 具有一定的喷射压力。

b. 具有一定的射程。

c. 具有合理的喷射锥角。

d. 停油彻底、不滴油。

（2）喷油器的类型

常见的喷油器有两种：孔式（P 型）喷油器和轴针式（S 型）喷油器。喷油器由针阀、针阀体、顶杆、调压弹簧、调压螺钉及喷油器体等零件组成。

① 孔式（P 型）喷油器的结构如图 1.30、图 1.31 所示。这种喷油器主要用于直喷式燃烧室的柴油机，目前应用较多，大多是 4 孔和 5 孔喷油器。孔越多、孔径越小，则柴油雾化越好。

a. 针阀偶件。针阀和针阀体是一对精密偶件，其配合面通常是经过精磨后再研磨，从而保证其配合精度。所以，选配和研磨好的一副针阀偶件不能互换，维修过程中应特别注意。

b. 喷油器的工作原理。柴油机工作时，喷油泵输出的高压柴油经过进油管接头和阀体内油道进入针阀中部周围耳朵环形油室（高压油腔），油压作用于针阀锥体环带上一个向上的推力，当此推力克服调压弹簧的预紧时，针阀上移使喷孔打开，高压柴油便经喷油孔喷出。当喷油泵停止供油时，油压迅速下降，针阀在调压弹簧的作用下及时回位，将喷孔关闭，如图 1.32 所示。

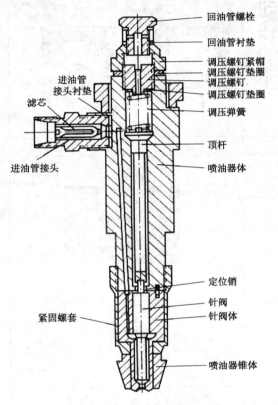

图 1.30　CA108 型柴油机喷油器

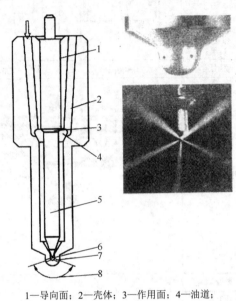

1—导向面；2—壳体；3—作用面；4—油道；
5—针阀；6—锥面；7—喷孔；8—喷油夹角

图 1.31　孔式喷油器

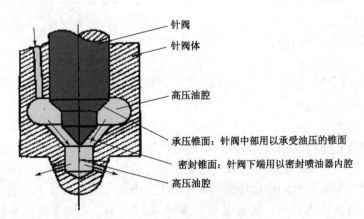

图 1.32　针阀承压和密封锥面

　　在喷油器工作期间，会有少量柴油从针阀与针阀体的配合面之间的间隙漏出，这部分柴油对针阀起润滑、冷却作用。漏出的柴油沿推杆周围的空隙上升，通过回油管螺栓上的孔进入回油管，流回到喷油泵或柴油滤清器。

② 轴针式（S型）喷油器的结构如图1.33所示。这种喷油器只有1个喷孔（见图1.34），喷孔直径为 1～3mm，喷孔不易堵塞，但雾化效果不强，喷油压力较低，故应用少些，常用于喷雾压力要求不高的涡流室式燃烧室和预燃室式燃烧室。

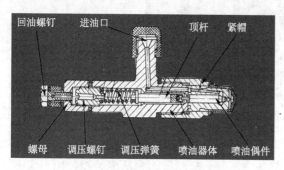

图1.33 轴针式喷油器的结构

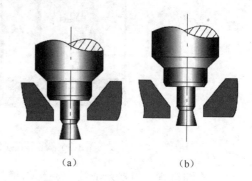

图1.34 轴针式喷油器的喷孔

3. 喷油泵的结构和工作原理

喷油泵俗称高压油泵，是柴油机燃料供给系统中最主要的部件之一。

喷油泵用于定时、定量地向喷油器输送高压燃油。多缸柴油机的喷油泵应保证：①各缸供油次序符合柴油机的发火次序；②各缸的供油量均匀，不均匀度在标定工况下应不超出 3%～4%；③各缸供油提前角一致，相差不大于 0.5°曲轴转角。为避免出现喷油器滴油现象，喷油泵还必须保证能迅速停止供油。

喷油泵的结构形式：车用柴油机的喷油泵按作用原理不同大体可分为三类：柱塞式喷油泵、喷油泵—喷油器和转子分配泵。柱塞式喷油泵性能好，使用可靠，国产系列柱塞式喷油泵有 A 型泵、B 型泵、P 型泵，当前 P 型泵使用较多。

（1）柱塞式喷油泵的泵油原理

柱塞式喷油泵的柱塞结构如图1.35所示，它由柱塞、柱塞套、出油阀偶件、出油阀和阀座以及出油阀弹簧等组成。需要注意的是，凡是偶件修理时不能互换，要成对更换。

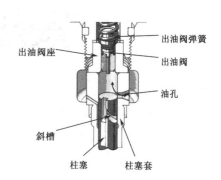

图1.35 柱塞式喷油泵的柱塞结构

喷油泵柱塞的工作原理：喷油泵凸轮轴的凸轮，推动挺柱体部件在泵体导程孔内作上、下往复运动。柱塞依靠挺柱体部件的驱动和柱塞弹簧回位而得以在柱塞套内作直线往复运动，并按要求向喷油器提供高压燃油。

① 充油过程：当柱塞在下止点位置时，柴油通过柱塞套上的油孔充满柱塞上部的泵油腔。在柱塞自下止点向上止点的过程中，起初有一部分柴油从泵腔挤出回到喷油泵低压油腔，直到柱塞将油孔关闭为止，如图1.36（a）、（b）所示。

② 供油过程：柱塞将油孔关闭继续上移时，泵油腔内的柴油压力急剧增大，当压力大于出油阀开启压力时，出油阀打开，柴油进入高压油管中。柱塞继续向上移动，油压继续升高，当柴油压力高于喷油器的喷油压力时，喷油器则开始喷油，如图1.36（c）所示。

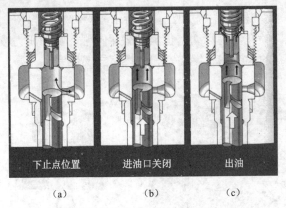

图 1.36　柱塞式喷油泵的充油、供油过程

③ 停油过程：当柱塞继续上移到斜槽与油孔接通时，泵腔内的柴油顺斜槽流出，油压迅速下降，出油阀在弹簧压力的作用下立即回位，喷油泵供油停止。此后柱塞仍继续上行，直到凸轮到达最高升程为止，但不再泵油，如图 1.37 所示。

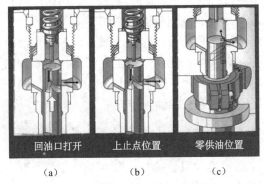

图 1.37　柱塞式喷油泵的停油过程

④ 凸轮继续转动，柱塞开始向下移动，开始下一个工作循环。

从上述工作过程可知，喷油泵供油是指在柱塞关闭油孔上移开始至柱塞斜槽与柱塞套油孔相通时为止的柱塞行程，即为柱塞供油有效行程。柱塞的有效行程随柱塞的转动而改变，有效行程越大，供油量越多。

（2）P 型喷油泵的结构

P 型喷油泵由分泵、油量调节机构、传动机构和泵体组成，如图 1.38 所示。

① 分泵：是带有一副柱塞偶件的泵油机构。分泵的主要零件有柱塞偶件（柱塞和柱塞套）、柱塞弹簧、出油阀偶件、出油阀弹簧、减容器和出油阀紧座等。

② 油量调节机构：其任务是根据柴油机负荷和转速的变化，相应改变喷油泵的供油量，且保证供油量一致。由泵油原理的分析可知，用转动柱塞以改变柱塞有效行程的方法可以改变喷油泵供油量。图 1.39 所示为 P 型喷油泵油量调节方法。示意图

当需要调整某缸的供油量时，先松开可调节齿圈的紧固螺钉，并带动柱塞相对于齿圈转动一个角度（即相对于柱塞套），再将齿圈固定。

柴油机运行过程中，调节齿杆的移动是通过调速器实现的。调速器感受柴油机自身的转速变化或外界人为操作而使调节齿杆前后移动，从而调节供油量，使柴油机实现起动、怠速、部分负荷或全负荷等各种工况。

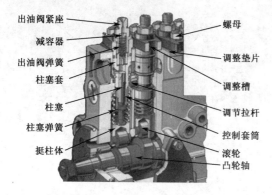

出油阀紧座　　　螺母
减容器　　　　　调整垫片
出油阀弹簧　　　调整槽
柱塞套
柱塞　　　　　　调节拉杆
柱塞弹簧　　　　控制套筒
挺柱体　　　　　滚轮
　　　　　　　　凸轮轴

图 1.38　P 型喷油泵的结构

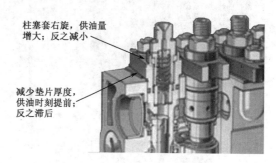

柱塞套右旋，供油量
增大；反之减小

减少垫片厚度，
供油时刻提前；
反之滞后

图 1.39　P 型喷油泵油量调节方法

③ 传动机构：由凸轮轴和滚轮传动部件组成，如图 1.38 所示。

④ 泵体。为整体式，由铝合金铸成。分泵、油量调节机构及传动机构都装在泵体上。

4. 调速器的作用、分类、结构和原理

（1）调速器的作用

调速器的作用是根据柴油机的工况，控制喷油泵的供油量，稳定柴油机怠速及防止柴油机超速。

（2）调速器的分类

按调速器起作用的转速范围可分为以下四种：

① 单程式调速器。用于恒定转速工况的柴油机，如发电机组。

② 全程式调速器。用于负荷较大、在任意转速下能稳定工作而转速范围又较大的柴油机，如工程机械。

③ 两极式调速器。用于转速变化较频繁的柴油机，如车用柴油机。

④ 极限式调速器。用于限制柴油机的最高转速，它实际上是一种超速保护装置，用于船舶主机和重要的中大功率柴油机。

（3）调速器的结构与原理

调速器调速原理和两极式、全程式调速器的调速原理，如图 1.40～图 1.44 所示。

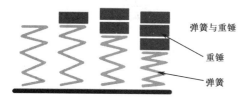

弹簧与重锤

重锤

弹簧

当弹簧上面放上一个重量轻于弹簧力的重锤时，弹簧既不被压缩也不会改变长度，但是如果在弹簧上放上比弹簧力大的重锤时，弹簧则被压缩到弹簧力与重锤重量相等的位置

图 1.40　调速器的工作原理（一）

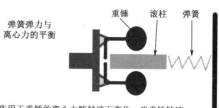

重锤　滚柱　弹簧

弹簧弹力与
离心力的平衡

作用于重锤的离心力随转速而变化。当重锤转速提高时离心力就变大，重锤向外张开；滚柱移动压缩弹簧，弹簧被压缩弹力增加；弹簧弹力在该位置上与当时的离心力平衡

图 1.41　调速器的工作原理（二）

（4）RFD 型两速调速器的结构

RFD 调速器应用于汽车用柴油机。它只能自动稳定、限制柴油机的最低和最高转速，而在所有中间转速范围内则由驾驶员控制。RFD 型调速器的结构和外形如图 1.45 所示。

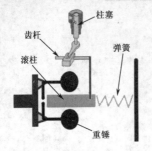

滚柱的移动带动齿杆移动，齿杆的移动使柱塞旋转，供油量因此发生改变。转速升高时供油量减少，而转速降低时供油量增大，因此柴油机的转速能够稳定

图 1.42　调速器的燃油量的控制原理

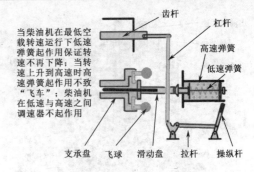

当柴油机在最低空载转速运行下低速弹簧起作用保证转速不再下降；当转速上升到高速时高速弹簧起作用不致"飞车"；柴油机在低速与高速之间调速器不起作用

图 1.43　两极调速器的工作原理

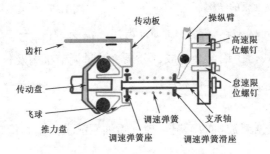

改变操纵臂的位置时调速器的作用转速也随之改变，对应操纵臂的各个位置柴油机有稳定的转速

图 1.44　全程调速器的工作原理

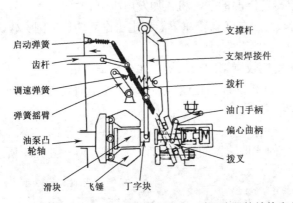

图 1.45　RFD 型调速器的结构和外形

（5）RFD 型两速调速器的工作原理

① 柴油机的起动和怠速工作状态。

当柴油机静止时，飞块受调速弹簧、怠速弹簧和起动弹簧的弹力作用而闭合，如图 1.46 所示。

当柴油机起动后，驾驶员松开加速踏板，使控制杠杆（油门手柄）回到怠速位置。在怠速范围内运转时，飞块的离心力与怠速弹簧和起动弹簧的合力相平衡，保持供油调节齿杆停留在一定的位置，使柴油机能在怠速时平稳地

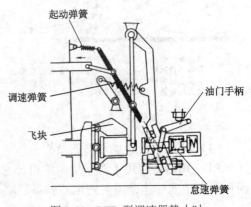

图 1.46　RFD 型调速器静止时

运转如图 1.47 所示。

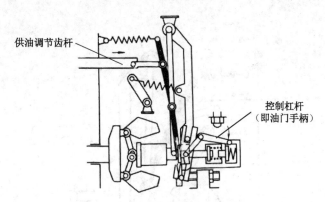

图 1.47　RFD 型调速器的怠速工况

柴油机怠速转速由怠速弹簧预紧力和控制杠杆的怠速位置决定。

② 柴油机正常运转时的状态。

当柴油机转速超过怠速控制范围时，怠速弹簧被完全压缩，于是滑块直接与拉力杠杆接触，如图 1.48 所示。依靠调速弹簧的作用力与最高转速时的飞块离心力平衡，拉力杠杆被调速弹簧拉得很紧。在正常转速范围内，飞块的离心力较小，不足以推动拉力杠杆，其支点 B 不能移动，调速器不起作用。这样，当直接操纵控制杠杆时，便可以经支撑杠杆、浮动杠杆直接传递到调节齿杆上，可对柴油机转速进行直接控制。

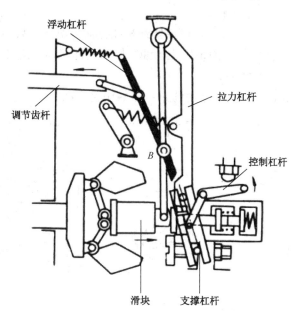

图 1.48　RFD 型调速器的负荷工况

利用调节齿杆行程调整螺栓，即可改变供油调节齿杆的最大行程，从而调节喷油泵的额定供油量。

③ 柴油机的最高转速控制状态（校正工况）。

当柴油机转到规定的最高转速时，飞块的离心力克服调速弹簧的拉力，使滑块和拉力杠杆向右移动，供油调节齿杆向减少供油量方向移动，如图 1.49 所示，使柴油机转速不超过规定的最高转速。

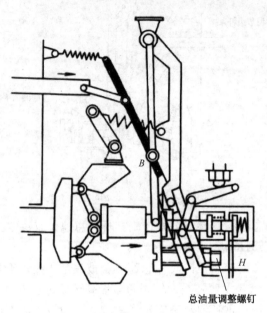

图 1.49 RFD 型调速器的校正工况

利用总油量调整螺栓改变调速弹簧的预紧力，即可调节柴油机的最高转速。

④ 柴油机停车装置的工作状态。

RFD 型调速器采用的停车方法，可使柴油机在任何工况下，只要稍用力把喷油泵供油齿杆拉向减少供油量方向，使喷油泵停止供油，柴油机即可停止运转。

⑤ RFD 型两速调速器调整。

图 1.50～图 1.52 所示为 FRD 型两速调速器的调整方法。

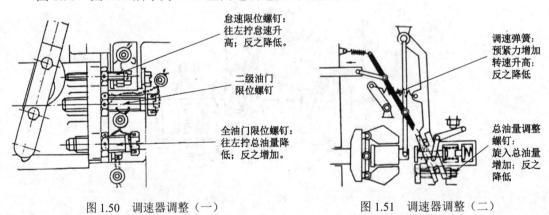

图 1.50 调速器调整（一）   图 1.51 调速器调整（二）

5. VE 分配泵的结构和工作原理

近年来，随着我国经济建设水平的提高和社会需求的发展，以中型客、货车为主体的传统运输格局正向中重型、重型和快速方向发展，促使柴油机也从中型向大型、强化方向发展，传统柱塞泵已难以适应实际需要。取而代之的是转子分配式喷油泵，又叫 VE 泵。

VE 泵源于德语缩写，意为机械控制轴向柱塞转子式分配泵；可配 3～6 缸柴油机，单缸功率可达 30kW；VE 分配泵泵端压力可达 85MPa，使柴油机满足欧洲 1 号及 2 号排放法规，玉柴部分柴油机已配备这种分配泵；由于分配泵各缸共用一套高压柱塞偶件，因此各缸工作均匀，柴油机震动和噪声问题得到改善；体积小、质量轻、转速高、运转噪声低、结构简单却又灵活多变的控制方式，容易实现电控化；同时 VE 泵与柱塞泵相比有以下优点：

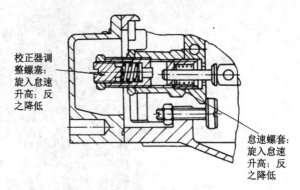

图 1.52　调速器校正器调整

- 凸轮在分配泵中，其工作升程比柱塞式的凸轮的工作升程小得多，有利于提高柴油机转速。对于四冲程柴油机，可满足 6000r/min 左右的转速，适应高速柴油机的使用要求。
- 转子泵采用柱塞往复运动泵油，柱塞旋转运动配油，因此不需要进行各缸供油量均匀性、供油间隔角的调整，维修方便。
- 转子泵内部依靠自身的燃油进行润滑冷却，因此是一个不易进入灰尘、杂质和水分的密封整体，故障较少。
- 零件的通用性较柱塞式喷油泵好，有利于形成系列化产品。

因此，VE 型分配泵已获得越来越广泛的使用。

（1）VE 型分配分配泵结构

① VE 型分配泵的外形结构：如图 1.53 和图 1.54 所示。

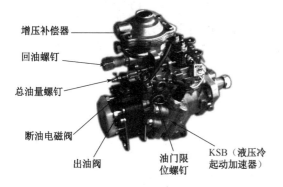

图 1.53　VE 型分配泵结构（正面）

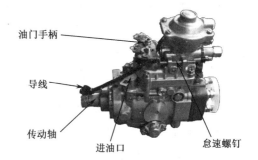

图 1.54　VE 型分配泵结构（背面）

② VE 型分配泵的结构如图 1.55 所示，主要由驱动机构、叶片式输油泵、高压泵头、供油提前角自动调节机构、调速器和增压补偿器（LDA）等组成。

③ VE 型分配泵的结构与工作原理。

- 低压系统：由叶片泵、调压阀和溢流阀组成。
- 高压系统：由柱塞和柱塞套、驱动机构、分配头和出油阀等组成。
- 控制系统：由两速调速器、供油提前调节器和电磁断油阀等组成。

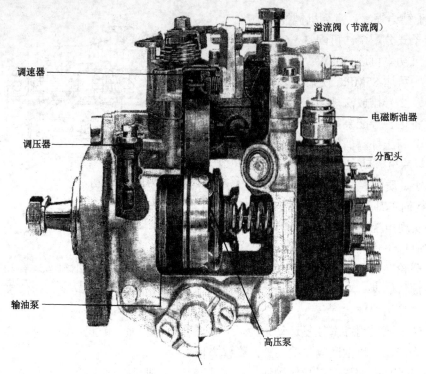

图 1.55　VE 型分配式高压油泵的组成

④ 低压供油。

a. 组成与作用：低压供油系统由输油泵、油压控制阀、溢油螺钉组成（见图 1.56）。作用是使油泵内腔产生并保持合适的压力，保证各转速下供油充足，满足调压器器的工作压力。

b. 输油泵工作原理（见图 1.57）：输油泵由偏心环、转子、叶片、输油泵盖组成。工作时，驱动轴带动转子转动，叶片在转子离心力的作用下向外撑开，与转子腔形成四个缝隙。缝隙大的一侧形成真空，为进油腔；当叶片转至缝隙小的一侧，容积变小，压力增加，为出油腔。油压高低由油压调节器控制。

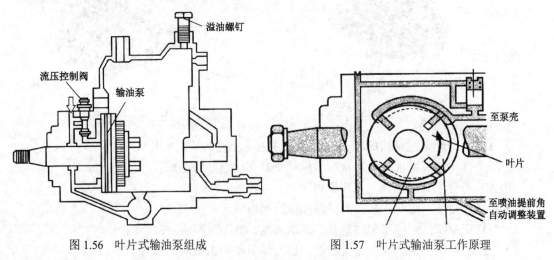

图 1.56　叶片式输油泵组成　　　　　图 1.57　叶片式输油泵工作原理

　　c．限压阀（见图 1.58）：叶片泵的出口有一限压阀，当泵油压力大于 400kPa 时，油压推动活塞，克服弹簧预紧力，将活塞向上顶起，起到限制油压的作用。

　　d．溢油阀（见图 1.59）：油泵的出口有一个溢油阀，其上有一个 0.35～0.5mm 的溢油孔。喷油泵工作时，它既能保证泵腔内的压力，又能产生适当的回油，以散发泵内的热量。

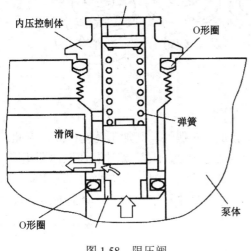

图 1.58　限压阀　　　　　　　　　　　　　图 1.59　溢油阀

　　⑤ 高压供油系统：VE 型分配泵高压部分的结构如图 1.60 所示。

　　a．柱塞的驱动：柱塞的驱动装置由滚轮座、滚轮和平面凸轮组成（见图 1.61）。四组滚轮对称放置在滚轮座圈上，平面凸轮由驱动轴通过十字块驱动。

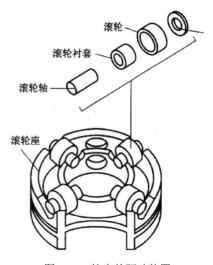

1—十字联轴器；2—滚轮座圈；3—碟形凸轮盘；4—柱塞底座；

5—高压柱塞；6—柱塞止推座；7—油量控制套；8—分配头；

9—出油阀；10—柱塞回位弹簧

图 1.60　VE 分配泵高压部分的结构　　　　　图 1.61　柱塞的驱动装置

　　平面凸轮上有一驱动销，驱动柱塞尾端凹槽使柱塞转动。因平面凸轮的凸轮面又压紧在滚轮部件的滚轮上，在滚轮和凸轮面的相互作用下，平面凸轮在转动的同时又作往复运动。柱塞因驱动销、柱塞弹簧的作用与凸轮一起作往复、旋转运动（见图 1.62）。

　　平面凸轮上的凸轮数与气缸数相等，因此，平面凸轮每转一圈，轮流向各缸供油一次。

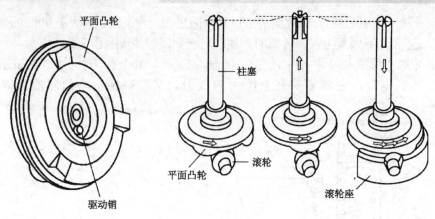

图 1.62　柱塞的驱动

b．柱塞与柱塞套（见图 1.63）：柱塞与柱塞套是一对偶件，其加工精度极高，因此，无须密封即可产生 20MPa 以上的高压。柱塞内有一油道将进油口、配油孔和泄油孔相连。柱塞的顶部有四个（六缸发动机有六个）直槽，柱塞每转动一圈，与进油孔一起完成四次进油。柱塞的中部有一个配油孔，当柱塞产生高压时，配油孔依次与柱塞套上的出油口相通，实现高压配油。泄油孔与控制套精密配合。当泄油孔露出控制套时，高压柴油泄入泵腔，泵油结束。

柱塞的运动：在柱塞套的配合下，柱塞的往复运动产生高压供油；柱塞的旋转运动分配高压柴油。

⑥ VE 分配泵工作原理。

柱塞头部开有四个进油凹槽（进油槽数等于缸数），相隔 90°，柱塞上还有一个中心油道、一个配油槽和一个泄油槽等。柱塞套筒上有一个进油道及四个出油道、四个出油阀，如图 1.64 所示。

图 1.63　柱塞与柱塞套

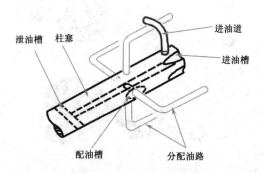

图 1.64　VE 分配泵的工作原理

a．进油过程。

当分配柱塞接近下止点位置（柱塞自右向左运动），柱塞头部四个进油槽中的一个凹槽与套筒上的进油孔相对时，燃油进入压油腔，此时溢流环关闭了泄油槽，如图 1.65 所示。

b．泵油、配油过程。

当燃油进入压油腔时，柱塞开始上行（右行），柱塞上行并旋转到进油孔关闭时，使压油腔内燃油油压增加，相应的柱塞上的配油槽与套筒上的出油道之一相连通时，分配油路打开，高压燃油经出油阀被压送到喷油器，如图 1.66 所示。

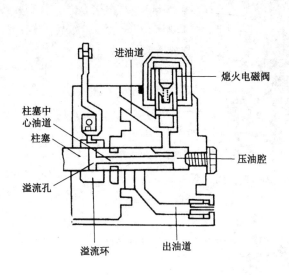

图 1.65　进油过程

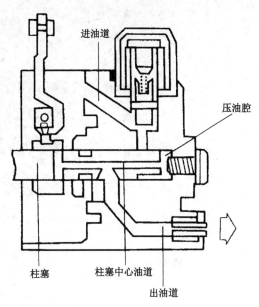

图 1.66　泵油、配油过程

c．泵油终止过程。

柱塞在凸轮作用下进一步上行，当柱塞上的泄油槽和泵室相通时，压油腔内的高压燃油经中心油道、泄油槽泄回泵室，压油腔内压力骤然下降，泵油结束，如图 1.67 所示。

改变柱塞上的泄油槽与泵室相通的时刻，即改变了供油结束时刻，从而使供油有效行程改变，也改变了供油量。溢流环可在柱塞上轴向移动，当溢流环向左移动时，有效行程减小，供油量减少，向右移动时，有效行程增大，供油量增加。由此可见，供油量是通过控制供油时间来实现的，与进油量无关。

⑦ VE 泵的调速器。

a．VE 分配泵调速器的结构。

VE 泵调速器的结构如图 1.68 所示。

b．VE 泵调速器的工作过程

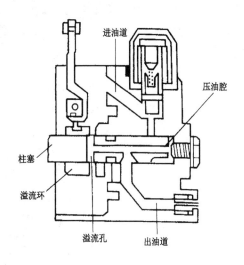

图 1.67　泵油终止过程

怠速工况：柴油机起动后放松加速踏板，使调速杠杆回到怠速位置，这时调速弹簧的张力等于零。此时即使调速器轴低速旋转，飞块也要向外张开，压缩缓冲弹簧和怠速弹簧，使起动杆和张力杆向右移动，将溢流环（油量控制套）左移至怠速位置，如图 1.69 所示。

全负荷工况：柴油机全负荷时把加速踏板踏到底，调速杠杆移到全负荷位置，在调速弹簧拉力作用下，张力杆转动到接触止动销，通过起动杆使溢流环保持在全负荷位置，如图 1.70 所示。

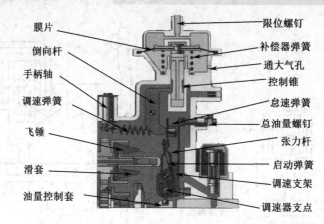

图 1.68　VE 泵调速器结构

限位螺钉
补偿器弹簧
通大气孔
控制锥
怠速弹簧
总油量螺钉
张力杆
启动弹簧
调速支架
调速器支点

膜片
倒向杆
手柄轴
调速弹簧
飞锤
滑套
油量控制套

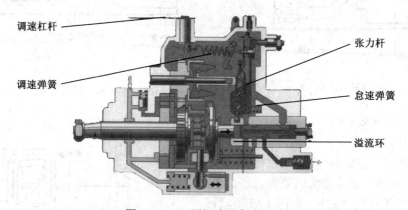

图 1.69　VE 泵调速器怠速工况

调速杠杆
调速弹簧
张力杆
怠速弹簧
溢流环

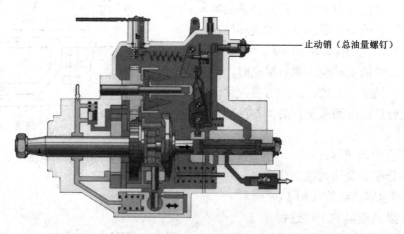

图 1.70　VE 泵调速器全负荷工况

止动销（总油量螺钉）

⑧ VE 泵的调整。

图 1.71 和图 1.72 所示为 VE 泵油量、转速、烟度和扭矩的调整方法。

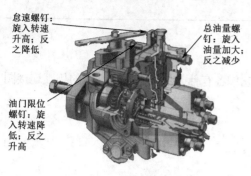

图 1.71　VE 泵油量、转速的调整方法

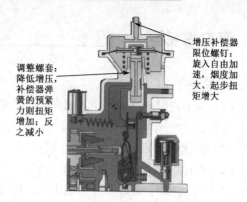

图 1.72　VE 泵烟度、扭矩的调整方法

小结

1．柴油以高压喷射的方式，在压缩行程接近终了时喷入气缸，与缸内空气混合，形成可燃混合气，混合气在吸收气缸内高温后自燃。

2．油箱、输油泵、柴油滤清器和低压油管等组成低压油路，喷油泵、喷油器和高压油管组成高压油路。

3．气缸内柴油的充分燃烧必须有合适的喷油量，良好的喷油雾化程度，合理的喷油正时和足够的气缸压缩压力。

4．喷油器的作用是使燃油雾化。

5．柱塞副是偶件，柱塞依靠其与柱塞套的配合精度来保证燃油的增压和柱塞偶件的润滑。

6．要改变柱塞的喷油量，必须将柱塞相对柱塞套转过一个角度。

7．柱塞的转动由控制套筒带动，控制套筒由供油拉杆上的齿条带动，而供油拉杆则由调速器控制。

8．调速器可分为两速调速器和全速调速器。两速调速器操纵可靠，反应灵敏；全速调速器过渡圆滑、速度控制稳定。

9．VE 喷油泵供油量调整方法，是通过控制供油时间来实现的，与进油量无关。即当改变柱塞上的泄油槽与泵室相通的时刻，即改变了供油结束时刻，从而使供油有效行程改变，也改变了供油量，溢流环可在柱塞上轴向移动，当溢流环向左移动时，有效行程减小，供油量减少；当向右移动溢流环时，有效行程增大，供油量增加。

实训要求

实训：认识燃料供给系统组成和主要零部件的结构

1．实训内容：结合燃料供给系统的拆装实习认识燃料供给系统主要零部件的结构。

2．实训要求：熟悉燃料供给系统主要零部件的结构和相互装配关系，为拆装实习打基础。

复习思考题 _____

1. 简答题

（1）柴油机燃油供给系统由哪些零件组成？它们各有什么作用？画出它们的相互连接图。

（2）简述喷油泵的作用。

（3）叙述柱塞式喷油泵的供油原理。

（4）简述 P 型喷油泵油量调节方法。

（5）VE 型转子泵是如何实现压油和配油的？

（6）简述柴油机燃油供给系统放空气的操作步骤。

2. 解释术语

（1）燃烧室

（2）柱塞供油的有效行程

3. 判断题（正确打√、错误打×）

（1）喷油器的主要作用是将柴油雾化，所以只要喷油嘴的孔径、压力相同都能相互更换。　　　　　　　　　　　　　　　　　　　　　　　　　　　（　　）

（2）喷油提前越早，柴油燃烧时间越早，燃烧越充分。　　　　（　　）

（3）喷油器的作用是向进气歧管喷油。　　　　　　　　　　　（　　）

（4）柴油的雾化主要依靠高的喷油压力、很小的喷孔来实现的。（　　）

（5）直喷式燃烧室一般配用孔式喷油器。　　　　　　　　　　（　　）

（6）输油泵的手油泵仅仅是在人工起动发动机时用于给喷油泵供油。（　　）

（7）柱塞与柱塞套是一对偶件，因此，必须成对更换。　　　　（　　）

（8）VE 泵的叶片式输油泵在 VE 泵正常工作时为柱塞供给低压油。（　　）

（9）VE 泵是由控制套筒的前后位置来调节泵油量的。　　　　（　　）

（10）柴油机的喷油量过多，则柴油燃烧不干净，会冒黑烟。　（　　）

（11）柴油机气缸压力过低，会使发动机起动困难。　　　　　（　　）

4. 选择题

（1）下列零件不属于柴油机燃料供给系统的低压回路的是（　　）。

A. 输油泵　　　　　　　　　　B. 滤清器

C. 溢流阀　　　　　　　　　　D. 集滤器

（2）下面各项中，（　　）是不可调节的。

　　A．喷油压力　　　　　　　　　　B．气缸压力

　　C．输油泵供油压力　　　　　　　D．调速器额定弹簧预紧力

（3）VE型转子泵每工作行程的供油量大小取决于（　　）。

　　A．喷油泵转速　　　　　　　　　B．凸轮盘凸轮升程

　　C．溢流环位置　　　　　　　　　D．调速弹簧张力

（4）柴油机之所以采用压燃方式，是因为（　　）。

　　A．便宜　　　　B．自然温度低　　　C．自然温度高　　　D．热值高

（5）柴油机的供油提前角一般随发动机转速（　　）而增加。

　　A．升高　　　　　B．降低　　　　　C．不一定

（6）输油泵的输油压力由（　　）控制。

　　A．输油泵活塞　　B．复位弹簧　　　C．喷油泵转速　　　D．其他

（7）下列不是喷油泵喷油压力的调节方法的是（　　）。

　　A．调节螺钉　　　B．调节垫片　　　C．安装位置

（8）直列式喷油泵不是通过（　　）方式来调节喷油量的。

　　A．转动柱塞　　　B．供油提前　　　C．调速器控制　　　D．供油拉杆

（9）发动机怠速时，若转速（　　），则调速器控制供油量增加。

　　A．升高　　　　　B．降低　　　　　C．不变　　　　　　D．都有可能

（10）下列不是VE泵的调节装置的是（　　）。

　　A．供油调节器　　B．调压阀　　　　C．调速螺钉　　　　D．断油电磁阀

（11）VE泵溢油阀上的小孔起（　　）作用。

　　A．防止泄压　　　　　　　　　　B．区别进油螺钉

　　C．保持泵腔压力　　　　　　　　D．控制输油泵供油量

（12）VE泵的柱塞在工作时，其运动方式是（　　）

　　A．转动　　　　　　　　　　　　B．前后往复运动

　　C．既转动又往复运动　　　　　　D．都不是

第2章

柴油机供油系统和增压装置的检修

2.1 柴油机供油系统主要零部件的检修

任务

通过对本节内容的学习，使学生懂得柴油机供油系统主要零部件的检修方法和技术要求，了解喷油器和喷油泵的一般检测和调试工艺。

目标

使学生掌握喷油器检修的操作技能和技术要求。

知识要点

1. 喷油器的检修；
2. 输油泵的检修；
3. 喷油泵主要零部件的检修；
4. 喷油泵装复后的检测与调试；
5. 柴油滤清器的检修。

柴油机供油系统是柴油机的心脏，它负责把柴油通过低压油路输送到高压油泵升压后向气缸喷油燃烧，推动活塞往复运动，使曲轴输出动力。供油系统的好坏，对柴油机动力输出有极大的影响。通常汽车维修工只对喷油器进行检修和柴油滤清器进行维护保养，对喷油泵总成及其附件如输油泵、调速器、供油角度提前器的检修与调试，应由专业人员在拥有高压油泵试验台设备条件下进行，本书只作一般介绍。

2.1.1 喷油器的检修

喷油器零件分解如图 2.1 所示。

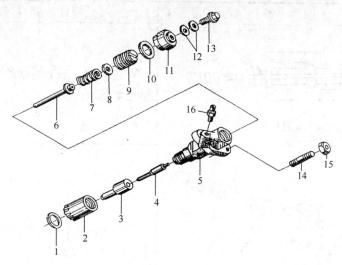

1—喷油器垫片；2—喷油器紧帽；3—针阀体；4—针阀；5—喷油器体；6 顶杆；7—调压弹簧；
8—垫片；9—调压螺钉；10—垫圈；11—调压螺钉紧帽；12—接头螺栓垫片；13—回油接头螺栓；
14—螺柱 AM8×40；15—六角厚螺母 M8；16—回油管接头

图 2.1　喷油器零件分解图

检修步骤和方法如下：

图　　解	操作步骤及技术要求
1．喷油器的解体	
图 2.2　拆下调压螺钉	（1）将喷油器从气缸盖上拆下，拆下进油管接头和回油管接头及垫片； （2）用台虎钳把喷油器的扁位处夹住； （3）拆下调压螺钉紧帽，如图 2.2 所示；
木片 图 2.3　清除针阀积炭	（4）用一字起子拧出调压螺钉，取出垫片、调压弹簧和顶杆； （5）将喷油器体倒转夹在台虎钳上，用扳手拆下喷油器紧帽和垫片，取出针阀体和针阀； （6）将解体后的零件放入柴油盆中浸泡、清洗，并用软质刮刀或竹木片清除喷油嘴表面的积炭，如图 2.3 所示；

图　解	操作步骤及技术要求
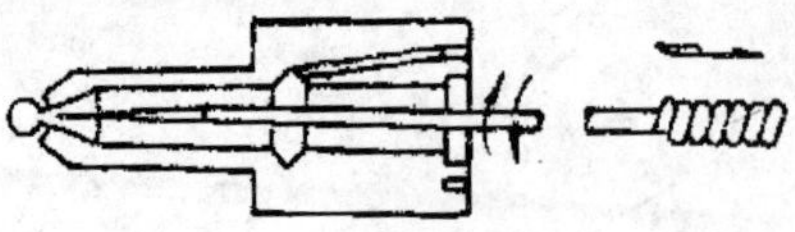 图2.4　清理阀体油路	（7）用ϕ1.7mm 的钢丝清理阀体油路，如图 2.4 所示；
 图2.5　清除针孔积炭	（8）用ϕ0.35mm 的钢丝清理喷油嘴针孔积炭，如图 2.5 所示；
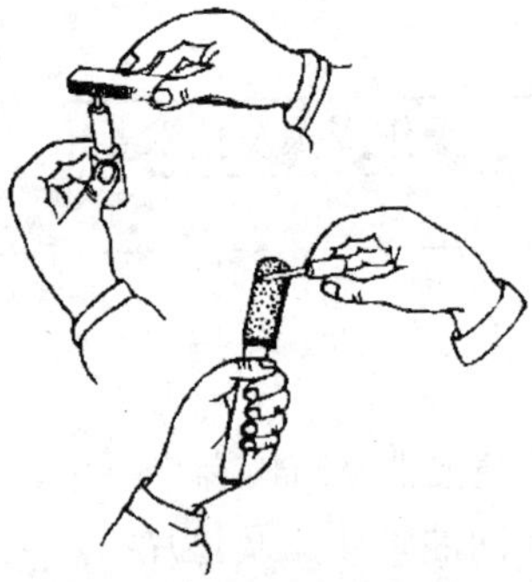 图2.6　清理针阀针部	（9）用铜丝刷刷针阀的针部，如图 2.6 所示；
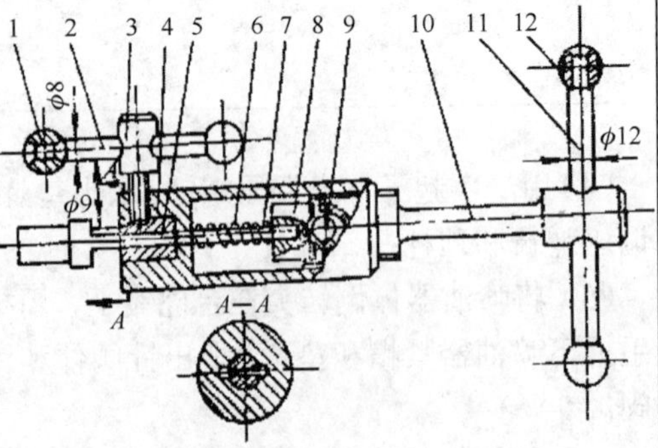 1，12—手柄头；2—手柄；3—紧固螺钉；4—壳体； 5—夹块；6—弹簧；7—顶杆；8—顶杆座；9—钢珠； 10—丝杠；11—手柄杆 图2.7　针阀拉出器	（10）若针阀卡死时，可将针阀放到150～200℃的机油中加温，趁热用专用工具拉出，如图2.7 所示； （11）若针阀工作表面出现发蓝烧伤，应更换新件； （12）检测调压弹簧，当弯曲量大于 1mm 或有裂纹、折断、松弛现象，应更换新件。

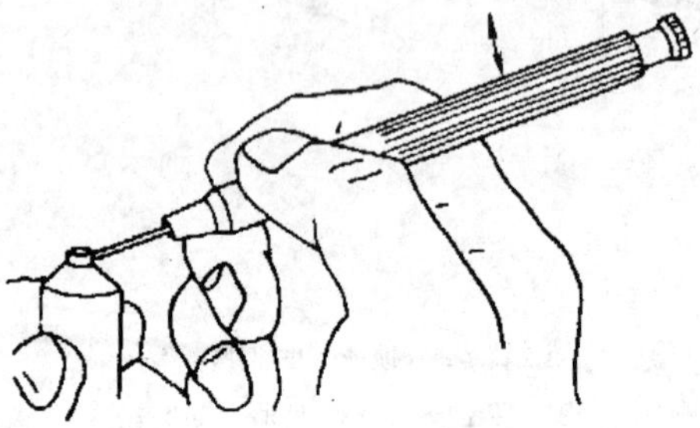

图　　解	操作步骤及技术要求

2. 喷油器的装复

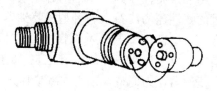

图 2.8　装配喷油器偶件

按拆卸解体的逆顺序装复喷油器，此时应注意如下几点：

（1）检查各垫片，不能再用的在装复时要更换新件；

（2）装喷油器针阀偶件时应使针阀体上的定位销对准喷油器体上的定位销孔，如图 2.8 所示；

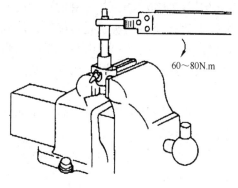

60～80N.m

图 2.9　拧紧喷油器紧帽

（3）装喷油器紧帽时，应用专用扭力扳手上紧，如图 2.9 所示。扭力矩为 60～68N·m。

3. 喷油器的调试

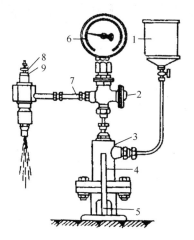

1—油箱及滤清器；2—止回阀；3—放气螺钉；
4—喷油手泵；5—手柄；6—油压表；7—高压油管；
8—调整螺钉；9—锁紧螺母

图 2.10　喷油器试验器

喷油器的调试，在喷油器试验器上进行，试验项目主要有针阀的密封性、喷油器的喷油压力和喷雾质量。装置如图 2.10 所示。

（1）喷油器针阀密封性试验。

① 用一字起子调整高压螺钉的同时，用手泵将油压升至 15.7MPa 后，再以 10 次/min 的速度均匀地按动手泵，直至开始喷油，此时，喷油嘴处不得有渗漏或滴油现象，若有，即为针阀密封性不好。

② 继续调整高压螺钉，并用手泵将油压升至 22.54～24.5MPa 压力下喷油后，停止压油，记录油压从 19.6MPa 降到 17.64MPa 的时间，应不少于 9～12s，若少于则说明喷油器针阀密封性不好。

图　　解	操作步骤及技术要求

表 2.1　喷油器技术参数

机型	直阀画偶件型号	喷油压力（kPa）	孔数	孔径（mm）	喷雾钝角（°）
6135Q	ZCK150S435	16170-17150	4	0.35	15.0
6120Q-I	长形多孔	17150±294	2	0.42	10.5
DA-120	NP-DN4SD-24	9800	1	1.00	4.0
T 928K	DOP140S530	16660	5	0.30	14.0
DH-100	NP-DN4SD24	9800	1	1.00	4.0
DS-50	NDN4SD24	11760	1	1.00	4.0

图 2.11　调整喷油压力

（2）喷油压力的调整

用手泵将油压升至喷油器开始喷油，此时的喷油压力应符合各种型号喷油器的规定值，见表 2.1。旋入高压螺钉，喷油压力增大，反之压力下降，如图 2.11 所示。P型喷油器压力调整多采用加减垫片方法。

为保证柴油机运转平稳，同一台柴油机各缸喷油压力差应不得大于 245kPa。

（3）喷油雾化质量试验。

用手泵以 60～70 次/分钟的速度压油，进行雾化试验，观察喷孔喷出的柴油应呈雾状，不应有明显的、肉眼可见的飞溅油粒，或连续性油柱，以及极易判别的局部浓稀不均匀现象。

（4）检查喷油器总成各密封处不允许有渗油漏油现象。

（5）试验完毕，应将喷油器高压螺钉紧帽及垫圈装回喷油器体上，紧固扭力为 39～44N·m，并装好回油管接头螺栓及垫片。

4. 安全注意事项

喷油器试验是在高压条件下进行的，千万不要将手掌放在喷嘴下压油，以免高压油粒穿透皮肤，造成局部肌肉坏死。要注意防火。

2.1.2　输油泵的检修

1. 输油泵的解体

输油泵零件分解如图 2.12 所示。

2. 输油泵的清洗

输油泵的清洗工作在柴油盆中进行，先洗精密件，后洗一般零件和泵体。清洗后的零件应用压缩空气吹干，并按顺序依次摆放于零件托盘内，以防零件丢失。

3. 输油泵主要零件的检修

（1）检视泵体。泵体应无裂损，油管接头螺纹损坏不得多于 2 牙。

（2）检视止回阀及阀座。止回阀磨合应均匀，无破裂；阀座唇口平面应平整、光亮、无刻痕、无缺口或变形，否则应更换新件。

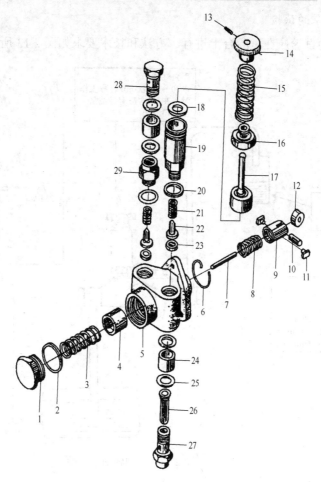

1—螺塞；2，20，25—垫圈；3—活塞弹簧；4—活塞；5—泵体；6—卡簧；7—顶杆；8—滚轮弹簧；

9，10—滚轮体；11—滑块；12—滚轮；13—销；14—手泵拉钮；15—手泵弹簧；16—手泵盖；

17—手泵活塞部件；18—O 形圈；19—手泵体；21—止回阀弹簧；22—止回阀；23—止回阀座；

24—防污圈；26—滤网；27—进油管接螺栓；28—出油管接螺栓；29—出油管接头

图 2.12　输油泵零件分解图

（3）检视各种弹簧。

止回阀弹簧、滚轮弹簧、活塞弹簧以及手泵弹簧均应无扭曲、裂纹、折断现象，否则应更换新件。

（4）检测活塞与泵体缸孔以及手泵活塞与泵体缸孔的配合间隙。应在 0.005～0.025mm 之间，若超过使用限度，应换新件，或采用铰削、珩磨缸孔加大活塞的方法修复。

（5）检查滚轮体与泵体缸孔、滚轮体组件、各运动件。应无过度松旷，否则应更换新件。

（6）检视其他零件，如进油滤网、各种垫圈等，一旦失效，应换新件。

4．输油泵的装复

按拆卸解体的逆顺序装复输油泵。装复时要注意保持清洁；各运动副在装配时，应用清洁柴油润滑后装合；各密封垫圈端面压紧的宽度应均匀，不能倾斜。

5. 输油泵的试验

输油泵的试验应在试验台上进行。方法和技术要求如图 2.13 所示。

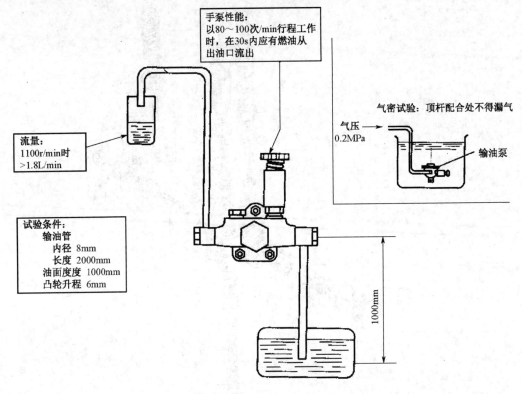

图 2.13　燃油输油泵试验

2.1.3　喷油泵的解体

喷油泵的解体，应由专业的油泵油嘴修理工进行操作。工作场地应清洁，备有清洗油盆和浸泡柱塞偶件、出油阀偶件和喷油嘴三大偶件的清洁柴油盆和柴油，备有压缩空气，用来吹干净经清洗后的零件，还要备有防火设备，以防火灾。

拆卸时，除使用常用手工工具外，还需使用一些专用工具，如图 2.14 所示。

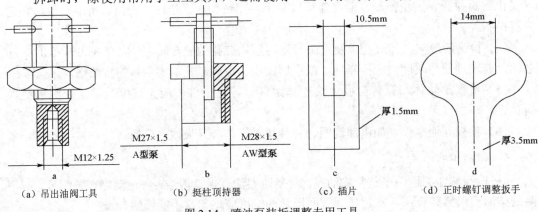

（a）吊出油阀工具　　（b）挺柱顶持器　　（c）插片　　（d）正时螺钉调整扳手

图 2.14　喷油泵装拆调整专用工具

　　拆卸解体喷油泵前应清洗油泵外部灰尘和油泥，解体时本着先外后内，均匀用力的原则进行拆卸。喷油泵主要零部件分解图如图2.15所示。

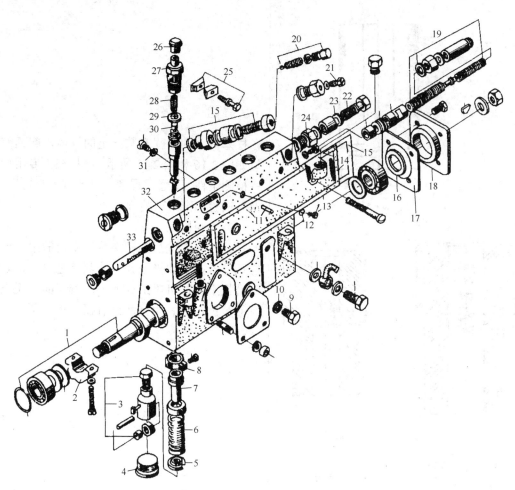

　　1—凸轮油部件；2—托瓦；3—挺柱体部件；4—碗形塞；5—弹簧下座；6—柱塞弹簧；7—控制套筒；
8—调节齿圈；9—放油螺塞；10，12，23—垫圈；11—柱塞套定位销；13—挡油螺钉；14—检查窗盖；
15—检查窗盖密封垫；16—骨架油封；17，28—密封垫；18—轴承座；19—油量限制器部件；20—出油接头部件；
21—放气螺钉；22—进油接头；24—接头座；25—夹板部件；26—出油阀紧座；27—出油阀弹簧；
29—出油阀偶件；30—齿杆限位螺钉；31—柱塞偶件；32—泵体；33—齿杆

图2.15　喷油泵主要零部件分解图

2.1.4 柱塞式喷油泵主要零件的检修

图　　解	操作步骤及技术要求
1. 柱塞偶件的检修	

图 2.16　柱塞的磨损

（a）进油孔附近的磨损　　（b）回油孔附近的磨损

图 2.17　柱塞套的磨损

柱塞偶件的磨损有其一定的规律，磨损部位如图 2.16 和图 2.17 所示。磨损在无专用设备检测条件下，磨损程度可以通过外观检视、滑动试验和密封试验判定。

（1）外观检视

将经认真清洗后的柱塞从柱塞套筒中拉出检视，若其表面光亮并呈淡蓝紫色光泽，表明磨损不大，可以继续使用；若表面呈无光泽的黄色，则表明柱塞已磨损严重，不能再用。

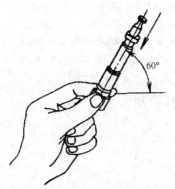

图 2.18　柱塞偶件的滑动试验

（2）滑动试验

将在清洁柴油中清洗后的柱塞偶件保持与水平线成 60° 左右角度的位置，拉出柱塞 1/3。如它能借自重缓慢滑下，可属正常，如图 2.18 所示。如有卡滞或急剧滑下，均应换新件。

柴油机供油系统和增压装置的检修　**第 2 章**

图　解	操作步骤及技术要求
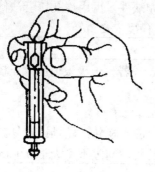 图 2.19　柱塞偶件简易密封性试验的磨损	（3）密封试验 　　将用柴油浸润湿后的柱塞偶件拿在手上，用手指堵住柱塞套上端孔、进油孔和回油孔，如图 2.19 所示。另一只手拿住柱塞下脚，转至最大供油位置，将柱塞拉出 5～7mm，当感到有真空吸力时，迅速松开，若此时柱塞能迅速回到原来位置，则可继续使用，否则应换新件。

2. 出油阀偶件的检修

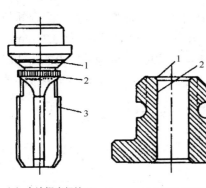 （a）出油阀磨损情况　　（b）出油阀座磨损情况 图 2.20　出油阀偶件的磨损	出油阀偶件的磨损主要在密封锥面和凸缘环带，如图 2.20 所示。检修方法和柱塞偶件检修方法类似。 　　（1）外观检视 　　工作面不允许有任何刻痕、裂纹、锈蚀、局部阴影及斑纹；密封锥面环带应光泽明亮，连续完整，宽度不得大于 0.5mm。 　　（2）滑动试验 　　将经用柴油浸润湿后的出油阀偶件直立于水平位置，用手轻轻地将出油阀从阀座中抽出 1/3 左右，当出油阀相对阀座转到任何角度位置时，都应能靠自身重力均匀地自由落入座中。若下滑速度太快，说明配合间隙过大，应换新件。
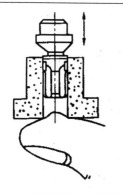 图 2.21　出油阀偶件密封性检查	（3）密封试验 　　如图 2.21 所示，将出油阀偶件放在手指上堵住出油阀大端孔口，另一只手反复拉动出油阀，当出油阀在向外拉动时，封堵孔口的手指如无吸力或吸力微弱，说明出油阀偶件已严重磨损，应换新件。

3. 壳体的检修

　　喷油泵壳体是喷油泵的基础件，壳体出现轻度裂纹，可用黏结法修复。较大裂纹或受力部位出现裂纹应更换新件。

图　　解	操作步骤及技术要求
<td colspan="2">　　凸轮轴轴承支座孔磨损较大时，一般应换新壳体，如缺件，可用镗孔镶套法修复，修复后两孔的同轴度误差不得大于 0.05mm，座孔表面粗糙度 $Ra2.5\mu m$。</td>
<td colspan="2">**4．凸轮轴的检修**</td>
<td colspan="2">　　喷油泵凸轮轴中心线直线度误差使用极限值为 0.15mm，若大于极限值应冷压校正或换新件。 　　凸轮升程磨损量大于 0.20mm 后，应换新轴或采用堆焊修磨修复。 　　键槽磨损变形，锥形部位磨损，螺纹损伤如严重时，应更换新凸轮轴或修复。 　　轴与轴承的配合不得松旷，喷油泵装复后，凸轮轴的轴向间隙不得大于 0.06mm。</td>
<td colspan="2">**5．挺柱体的检测**</td>
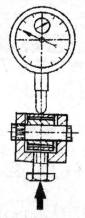 图 2.22　滚轮间隙的检查	挺柱体在导程孔中应滑动自如，配合间隙为 0.02～0.07mm，使用极限值为 0.20mm，若大于应更换挺柱体。总间隙的检查如图 2.22 所示。技术要求 0.04～0.15mm，使用极限值为 0.20mm。

　　挺柱体装配尺寸 H 的要求如图 2.23（a）和图 2.23（b）所示，因型号和生产厂家而异。YC6105QC 装用的 A 型衡阳泵 BHD6A95YAY107 为 33mm±0.05mm；无锡泵 6AW405 为 31.7mm±0.05mm；北京泵 CPE6A90D321RS2106 为 34.5mm±0.05mm。装在 YC6108Q 上的 AW 型北京泵为 30.9mm。

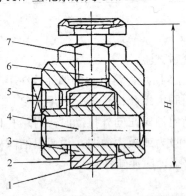

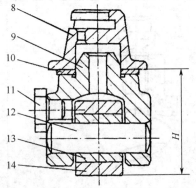

（a）正时螺钉调整机构（A 型泵）　　　　　（b）调整垫片调整结构（AW 型泵）

1，9—挺柱；2，14—滚轮；3—滚轮衬套；4，12—滚轮销；5，11—滑块；6—正时螺钉；7—正时螺母；
8—弹簧大座；10—调整垫片；13—滚轮衬套

图 2.23　挺柱体部件

图　　　解	操作步骤及技术要求
6. 油量控制机构的检修	
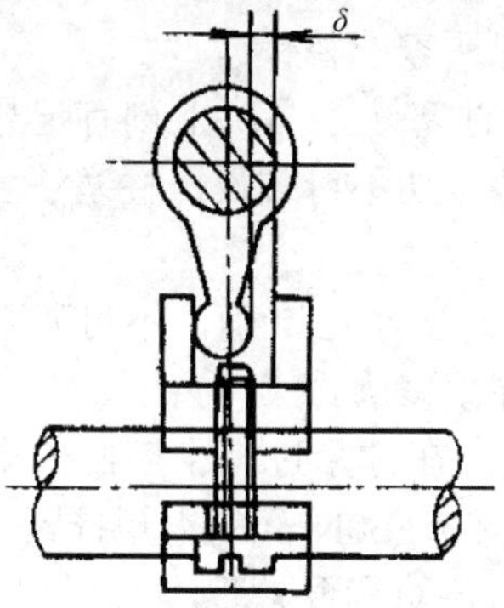 图 2.24　调节臂与调节叉的配合间隙	供油拉杆（齿杆）应无弯曲，当直线度误差大于 0.05mm，应冷压校直或换新件。 　调节臂与调节叉的配合间隙 δ 不得大于 0.15mm，如图 2.24 所示，否则应更换调节叉。
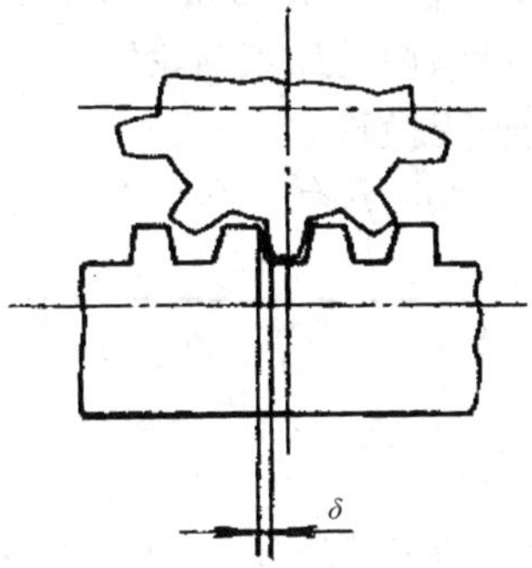 图 2.25　齿杆啮合间隙	齿杆与齿圈的啮合间隙 δ 不得大于 0.15mm，如图 2.25 所示，否则应更换齿圈 　拉杆（齿杆）与泵体的泵孔间隙不能过大，过于松旷会影响供油精度。
7. 柱塞弹簧和出油阀弹簧的检修	
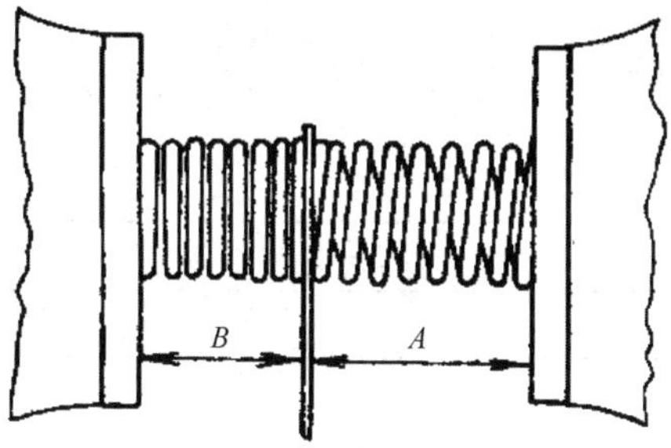 图 2.26　对比法检查弹簧	弹簧出现裂纹或歪斜超过 1mm 均应换新件。弹簧的自由长度和弹力应符合原厂规定。可用专用检测仪具检测，也可用新旧弹簧在台虎钳上做压缩对比检查。如图 2.26 所示。
8. 其他零件的检修	
油封、密封件应完好，有弹性；轴承应转动自如，无明显松旷；弹簧座应完好无损；油管接头与接头座应完好无损，符合装配要求，否则均应换新件。	

2.1.5　柱塞式喷油泵的装复

　柱塞式喷油泵的装复按拆卸解体的逆顺序进行，装复时应注意的几个问题是：

图　解	操作步骤及技术要求
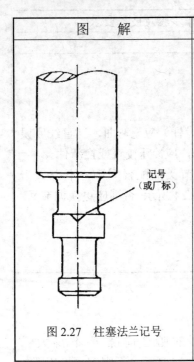 记号 （或厂标） 图 2.27　柱塞法兰记号	1．更换零部件时，所用的零部件必须是原喷油泵生产厂家的配件，不可用其他厂家的替代。 　　2．柱塞偶件装配时，柱塞法兰凸块上刻有记号的一边应朝向泵体窗盖一侧安装，切不可装反。柱塞法兰凸块上的记号如图 2.27 所示。 　　3．柱塞在拉出和插入时应小心准确，不可碰毛，如有轻微碰毛，可用细油石谨慎修磨。 　　4．安装出油阀紧座时，在拧紧过程中应回松出油阀几次，确认其落座后，应用 55～60N·m 的力矩拧紧，同时检查柱塞在柱塞套内滑动和转动是否灵活。 　　5．柱体部件装配尺寸应符合原厂要求。 　　6．凸轮轴的轴向间隙应在 0.03～0.06mm，如果不是因轴承松旷造成的间隙，可以通过加减凸轮轴轴向调整垫片进行调整。如因轴承松旷应换轴承。 　　7．拆卸过的密封垫片都应更换，不得重新使用。装复时，密封表面应涂密封胶。

2.1.6　喷油泵装复后的检测与调试

喷油泵装复后的检测与调试，还常与调速器一起，在喷油泵试验台上，由专业修理工进行。
检测和调整的内容主要有：
（1）各缸对第一缸供油夹角；
（2）供油量和供油均匀度；
（3）各部件应运动自如；
（4）无渗漏。
方法和步骤如下：

图　解	操作步骤及技术要求
1．各缸对第一缸供油夹角的检查与调整	
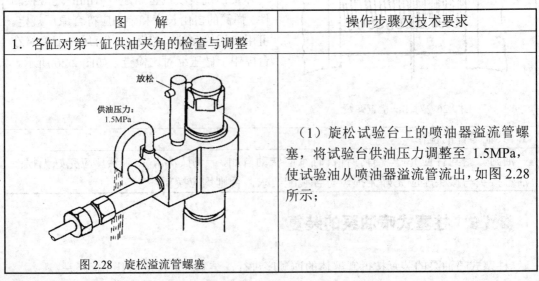 放松 供油压力： 1.5MPa 图 2.28　旋松溢流管螺塞	（1）旋松试验台上的喷油器溢流管螺塞，将试验台供油压力调整至 1.5MPa，使试验油从喷油器溢流管流出，如图 2.28 所示；

图　解	操作步骤及技术要求
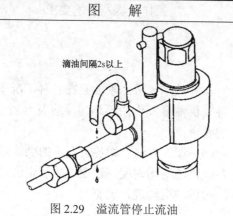 滴油间隔2s以上 图 2.29　溢流管停止流油	（2）用手或拨杆沿逆时针方向（从喷油泵后端向前端看）缓慢转动试验台的飞轮，当看到喷油泵第一缸所对应的喷油器溢流管停止流油的瞬间，作为该缸开始供油时刻，如图 2.29 所示；
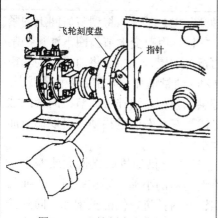 飞轮刻度盘　指针 图 2.30　飞轮刻度盘及指针	（3）将试验台飞轮上的角度指针拨至飞轮刻度盘的"0"度位置。如图 2.30 所示； （4）按 1—5—3—6—2—4 的供油顺序，依次检查并记录下各缸供油时刻，找出各缸供油角度位置； （5）技术要求：各缸对第一缸供油夹角的偏位应为±0.5°。 （6）供油夹角的调整： ① 对 A 型泵，可用专用工具调整挺柱体部件上的正时螺钉，如图 2.23（a）所示，向上拧正时螺钉，供油夹角减小，向下拧，供油夹角增大； ② 对 AW 型泵，可用增减挺柱体上的调整垫片厚度来调整，如图 2.23（b）所示，增加调整垫片厚度，供油夹角减小，减小调整垫片厚度，供油夹角增大。

2. 供油量及供油均匀度的检测与调整

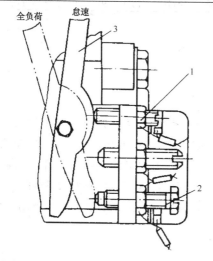 全负荷　怠速 3　1　2 1—小油门限位螺钉；2—大油门限位螺钉；3—油门手柄 图 2.31　调速器油门限位螺钉	（1）将油泵试验台的供油压力调整到0.10MPa，拧紧喷油器溢流管螺塞； （2）将调速器油门手柄压紧在在油门限位螺钉处，如图 2.31 所示，试验台转速由低速向高速，依次检测起动工况、校正工况、标定工况和高速空车工况时的供油量，以及各缸供油不均匀度； （3）将调速器油门手柄紧压在小油门限位螺钉处，检测怠速工况时供油量和各缸供油不均匀度；

图　解	操作步骤及技术要求

表2.2　各工况下各缸供油量及不均匀度

工况	因杆行程 (mm)	喷油泵转速 (r/min)	供油量（ml/200 次） YC6105QC	YC6108Q	不均匀度 (%)
起动工况		100～150	1.5±0.75	16±0.8	±5
最大扭矩工况	103	900	15±0.38	16±0.40	±2.5
标定工况	10.0	1400	14.5±0.43	15.5±0.43	±3
高速空车	4～5	1540	<3.0	<3.0	
怠速工况	6.7～7.5	275～300	2.5～3.0	2.5～3.0	±12

（4）技术要求：喷油泵在各种工况下，各缸供油量及供油不均匀度应符合表 2.2 的要求；

（5）调整方法：如各工况下的供油量和各缸供油不均匀度超过表 2.2 规定值时，应对供油机构进行调整。

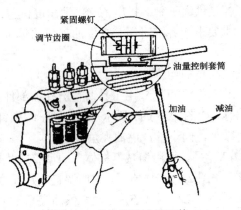

图 2.32　喷油泵供油量调整

① 如图 2.32 所示，将调节齿圈上的紧固螺钉拧松，用改变调节齿圈下油量控制套筒的相对位置来调整。将油量控制套筒向左转动，油量增加；向右转动油量减少。

如是供油拉杆，则拧松调节叉的紧固螺钉，将拨叉左、右微量移动，可以调节油量的大小。

② 怠速工况供油量如果偏大或偏小，可调整调速器的小油门限位螺钉，小油门限位螺钉向内拧进，供油量增加；向外拧出，供油量减少。如果怠速供油量太小，怠速工况各缸供油不均匀度超差，说明油泵柱塞偶件磨损严重，应更换新件；

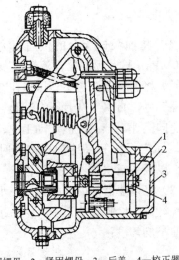

1—紧固螺母；2—紧固螺母；3—后盖；4—校正器组件

图 2.33　校正供油量调整部位

③ 调整后校正供油量仍不符合表 2.2 的要求时，可拆开调速器的后盖，如图2.33 所示，将调速器的校正器组件上的紧固螺母 1 拧松，再将紧固螺母 2 顺时针拧进，供油量增加，逆时针拧出，供油量减少。

2.2 柴油机增压装置的检修

任务

通过对本节内容的学习，使学生懂得柴油机废气涡轮增压装置的检修要领和技术要求。

目标

学会清洗和检修废气涡轮增压器的操作技能。

知识要点

1. 废气涡轮增压器的检修
2. 中冷器的检修

2.2.1 废气涡轮增压器的检修

1. 增压器的清洗

柴油机废气涡轮增压器的工作条件恶劣，转速高达 11 万 r/min，因此对轴承的润滑及转子总成的动平衡要求非常高。由于增压器是靠柴油机机油来润滑的，柴油机工作时间长后，机油的杂质增多，尤其是碳粒子增多，增压器又处在高温环境下工作，轴承部位就很容易形成积炭或被烧坏，润滑性能急剧下降，轴承和密封环容易损坏。因此，除了用户应在每次更换机油时都要清洗一次增压器之外，柴油机进行维修时，也必须认真清洗增压器。

清洗增压器的方法为：拆下增压器，堵住机油出油口，把柴油从机油口中注满，不断晃动增压器，最后将柴油倒出，再加入新柴油连续清洗 2～3 次即可。经清洗后的增压器，必须进行预先润滑，即在柴油机起动前，向中间壳内腔灌入机油，转动转子轴，使其充分润滑。

2. 增压器的检测

经清洗后的增压器，需对轴承的松旷程度进行检查。

（1）良好的增压器，用手转动转子轴，手感应是很轻的，无阻滞感觉，用手抬或拉推转子轴，应无旷动现象。如出现异常，应进一步用仪表检测。

（2）监测转子轴间隙。用百分表分别检测转子总成的径向间隙和轴向间隙，如图 2.34 所示。技术要求：新机出厂检验径向间隙为 0.15mm，轴向间隙为 0.10mm。在用机如间隙不是很大，压气叶轮和涡轮叶片又不碰壳体，可以继续使用。

（3）检查旁通阀拉杆。正常运转的柴油机，增压器旁通阀拉杆，用力拉是能拉得动的，如果用力还拉不动，证明控制阀部分已被锈蚀或卡死，应拆下检查，如确是锈蚀或卡死，应换新的旁通阀总成，否则将会引起增压器和柴油机故障。

（4）检查漏油情况。增压器漏机油，多是由于中间转子总成内腔、转子轴与轴两端的密封环磨损严重所致。机油漏入压气叶轮端，会随着进气吸入气缸，柴油机工作时，排气会冒蓝烟；机油漏入涡轮端严重时从排气管中可以看到有机油漏出的痕迹。由于密封环是在中间壳转子总成内，修理时一般必须整体更换转子总成。

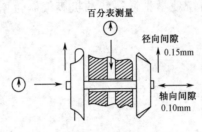

图2.34 检查增压器轴间隙

2.2.2 中冷器的检修

1. 空气冷却式中冷器的检修

（1）检查所有连接管和接口，不得有裂纹、松动和渗漏。

（2）将出气口堵住，把中冷器浸没于水槽中，从进气口中通入0.30MPa压力的空气，检查中冷器漏气情况。

（3）由于空气冷却式中冷器的冷却管是薄壁管，焊接比较困难，对漏气量大又难以补焊的中冷器，宜换新件。

2. 水冷式中冷器的检修

（1）水冷式中冷器内层水管壁有砂眼或裂纹，会导致散热器冒出大量的气泡，好像气缸垫水道被冲坏一样；外层气室漏气处，多在气室的焊缝处，如图2.35所示。

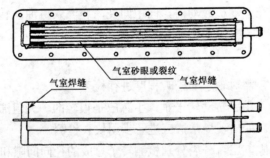

图2.35 水冷式中冷器的检修

（2）用浸水充气法可以检查外层漏气处。一般可用焊补法修复。

（3）如内壁漏气或外层漏气又无修补价值，应换新件。

复习思考题

判断题（正确打√，错误打×）

（1）油底壳内机油面增高，机油被乳化成白色，是机油有水所致。　　　　（　　）

（2）对弯扭并存的连杆校正的原则是先校正弯曲后校正扭曲。　　　　　（　　）

（3）同一台柴油机各缸喷油器的喷油压力差不得小于 245kPa。　　　　　（　　）

（4）机油泵齿轮磨损过大，必须成对更换。　　　　　　　　　　　　　（　　）

（5）节温器性能测试，当冷却水温达到 76℃±2℃时，大循环阀门应全开。（　　）

（6）柴油机一般安用 2 个 12V，大容量的铅酸蓄电池串联成 24V 电源系统。（　　）

（7）废气涡轮增压器漏机油，多是由于转子轴与轴两端的密封环磨损所致，只要更换密封环便可。　　　　　　　　　　　　　　　　　　　　　　　　　　　　　（　　）

第 3 章

电控柴油机的使用与保养技术

任务

通过本章内容的学习，使学生了解电控柴油机日常使用注意事项，掌握电控柴油机的技术保养知识，为正确使用和运行电控柴油机打下基础。

目标

通过教学，使学生学会电控柴油机的日常使用和维护技术。

知识要点

1. 电控柴油机的主要功能和日常使用的注意事项；
2. 电控柴油机使用方法和操作步骤；
3. 电控柴油机的技术保养周期和内容。

3.1 电控系统的主要功能

柴油机的电控系统集成技术是将传感器、控制器、执行器构成的电控系统组合应用到柴油机上，完成柴油机与电控系统的机械、电气、控制的有机结合的技术，并最终与车辆技术结合，实现整车集成应用。不同的电控系统其能完成的功能有所不同，下面对电控功能进行介绍。

（1）起动油量控制

电控柴油机的起动由电控系统直接控制，在柴油机起动工况，电子控制单元（Electronic Control Unit，ECU）自动控制起动油量，保证起动迅速并不冒黑烟。在起动时，驾驶员只需将点火钥匙旋转到起动挡，不需要踩油门。

（2）扭矩输出控制

通过电子油门开度及其变化将驾驶员的意图传递给ECU，并结合传动比控制输出扭矩的变化，可实现对整车加速性的控制，包括加速冒烟限制、突加油门与突减油门时司机的驾驶感觉控制、空车最高稳定车速控制、柴油机冷却水温过高时减扭矩等。

（3）怠速闭环控制

柴油机怠速控制是指 ECU 可根据冷却液温度、蓄电池电压与空调请求等自动调节怠速，并通过 ECU 的闭环控制使柴油机运行在设定怠速。冷却液温度过低时，柴油机自动提升怠速以快速暖机；打开空调时，柴油机怠速自动提升。

（4）起动预热控制

ECU 在冷起动工况下控制预热装置对柴油机进气进行加热，保证柴油机起动顺畅。加热过程中，预热指示灯亮以提醒驾驶员，预热指示灯灭才能起动柴油机。

（5）排气制动控制

驾驶员打开排气制动请求开关，ECU 根据实际运行工况对排气制动装置进行控制，实现制动功能。

（6）油门控制

电控系统采用的是电子油门踏板，通过电信号将驾驶员的驾驶意图（油门开度）传递给 ECU，ECU 根据油门开度实现对柴油机转速的控制。

（7）跛行回家控制

当发生严重电控系统故障时，ECU 采用跛行回家控制策略限制柴油机转速，从而使柴油机在故障状态下缓慢行驶，这是避免车辆半路抛锚的一种失效保护策略。

（8）柴油机转速限制

当柴油机出现电控元件故障时，ECU 对柴油机空车最高转速进行限制，以保护柴油机。如博世共轨系统燃油计量阀故障、水温传感器故障等，都会导致柴油机限转速 1800r/min。

（9）减速断油控制

当柴油机运行在高转速状态，松开电子油门踏板，ECU 进入减速断油控制，此时控制器会停止燃油喷射，车辆带挡滑行，柴油机转速逐渐下降到设定值时，控制器恢复供油，维持柴油机运转。采用减速断油控制策略不仅可以降低燃油消耗，还可以改善不稳定燃烧造成的排放污染。另外，其还可以增加柴油机的制动作用。

（10）空调控制（选装）

当车辆处于正常运行工况，且空调开启时，ECU 将根据实际工况对动力的需求，自动短暂关闭空调以满足大动力输出的需求。

（11）冷却风扇控制

柴油机对电子风扇的运行控制，ECU 根据当前冷却水温控制风扇的转速，以调整冷却水温稳定在正常范围内，保证冷却系统的高效运行。

（12）蓄电池电压控制

ECU 随时监测蓄电池的电压，合理使用电能，在需要的时候对蓄电池及时充电，延长其使用寿命。

（13）噪声控制

应用多次喷射和油压闭环控制技术，降低柴油机中低负荷下的运行噪声。

（14）故障诊断控制

ECU 实时对柴油机的各个参数进行监测，进行故障诊断，以便于维护柴油机并提高车辆行驶安全性。当系统检测到故障时将点亮柴油机故障灯，告知驾驶人员及时检修柴油机。

3.2 电控柴油机的日常使用注意事项

1. 起动前准备工作

（1）检查各传感器外表面是否完好，传感器线束是否扎紧，线束接插件接触是否良好。

（2）检查油底壳机油油面，确保机油足够，保证润滑，若不够，则应添加到机油标尺的规定位置。

（3）检查水箱中的冷却液，不足应加注，保证正常冷却效果（必须使用牌号相同的防冻冷却液）。

（4）检查燃油预滤器并及时放水。

（5）检查油箱燃油是否充足，若不够，添加燃油。

（6）检查电器系统（各连接线路、开关接线等）是否牢固可靠。

（7）检查电瓶电解液是否充足，若不够，加足电解液。

（8）检查皮带，松紧度应适宜，皮带过松则易打滑，使水泵、风扇的工作不正常，冷却效果差，柴油机水温高；过紧则使皮带轮轴受力过大、皮带寿命缩短。

（9）检查汽车底盘和操纵装置，禁止车辆带病行驶。

（10）打开电源开关，观察仪表板上的故障指示灯，如长亮或闪烁表示系统有故障。（德尔福共轨系统、博世共轨系统会进行自检，故障灯先点亮后熄灭）

2. 起动过程检查

完成起动前准备工作并确认符合要求后，才可以起动柴油机（冬天天气寒冷时需对柴油机预热后才能起动），起动柴油机时，持续起动时间不能超过10s；二次起动的时间间隔不应少于30s；若连续三次均无法起动，则应检查原因，排除故障，再行起动。

起动后应检查：

（1）机油压力。在怠速时不能低于0.1MPa，压力过低，柴油机则润滑不良，会造成各运动副磨损。

（2）柴油机有无"三漏"（漏水、漏油、漏气）与异响。

（3）各汽车仪表的工作情况。发现有不正常现象，应立即停车检查排除，必要时送修。

（4）故障指示灯。如柴油机无故障，故障指示灯则表现为暗亮或不亮。强亮或闪烁，表示柴油机存在故障，应及时排查。

3. 运行过程检查

柴油机起动之后，使柴油机在低速和中速下空车暖机，当柴油机冷却液温度高于60℃，才允许带负荷工作。并注意以下几点：

（1）不允许柴油机长期在怠速下运转。

（2）怠速时机油压力不得低于0.1MPa，中高速时机油压力应在0.2～0.6MPa之间。

（3）运转期间的机油压力、冷却液温度应正常。

（4）如发现柴油机有异响，应立即停车检查。

（5）注意油、气、水的密封情况，如有泄漏，应立即停车检查。

（6）新的柴油机或大修后的柴油机在最初的2500km或60h之内不允许高速、重负荷工作，应不超过额定负荷的65%，以保证良好的磨合。

4. 停机

（1）柴油机应避免急速熄火。停机前应怠速运转3～5min。

（2）注意在环境气温低于5℃时，如果柴油机冷却液不能确保不发生冰冻，应及时把冷却液放完，以免冻坏机件。

（3）当气温低于-30℃时，应将蓄电池拆下，搬入暖室内保温，避免电池亏电。

（4）关闭第一级钥匙后，柴油机 ECU 需要时间进行数据保存，需要等待 30s 以后，才能关闭总电源。

3.3 电控柴油机的操作

本节只是列出电控柴油机与传统的机械泵柴油机不同的或应加以注意的步骤、方法和注意事项，其他步骤、方法和注意事项与传统的机械泵柴油机相同。

1. 起动柴油机

将车辆的电源总开关闭合（若车辆无此开关则省略此步骤），确认故障诊断开关处于关闭状态，然后再按常规起动方式与注意事项起动柴油机。

注意：起动时不允许踩油门。

冷起动：在较冷的环境下，起动操作与常规一样，但是柴油机的 ECU 会根据环境温度以及车辆上的附件发出一些控制指令，以利于起动顺利。装有预热装置的柴油机，预热指示灯灭后才允许起动。

2. 车辆的操作

车辆起步：按常规操作，要求尽量用一挡起步，避免高挡起步。建议起步转速 1100r/min 左右。

加速油门踏板的操作：轻踩慢放，在一些条件下，ECU 为保护柴油机免受过热、过载的伤害，或为避免柴油机冒烟，猛踩油门并不能得到想象中的急速加速。

换挡点的推荐：为使柴油机获得更好的动力性和经济性，建议柴油机的换挡转速应在最大扭矩点转速附近。

涉水行驶的注意事项：当车辆通过积水路面时，车辆应遵循以下规定，避免电控系统因进水受损和失效。原则上 ECU 离水的高度应超过 200mm，并且在水面接近此高度时车辆应以小于 10km 的时速通过，在积水较浅时车辆应该慢速通过。一旦涉水行驶柴油机熄火，应立即切断点火开关和电源总开关，且在确认 ECU 和线束未干燥之前不能再接通电源。

排气制动：按常规操作，若车辆的排气制动装置由柴油机的 ECU 控制时，必须同时满足以下条件排气制动才能执行：

（1）闭合排气制动请求开关；

（2）不踩油门踏板（油门开度为 0）；

（3）柴油机转速高于设定转速。

3. 停机

关闭第一级钥匙后，柴油机 ECU 需要时间进行数据保存，需要等待 30s 以后，才能关闭总电源。

4. 燃油抽空，重新加注后的排空方法

图　解	操作步骤及技术要求

（1）单体泵的燃油系统示意图（见图 3.1）

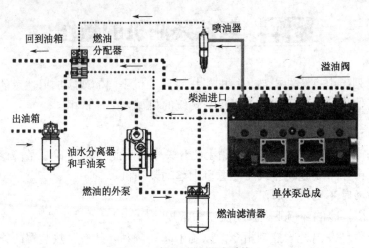

图 3.1　单体泵的燃油系统

图 3.2　单体泵的燃油系统

具体排空方法如下：

- 松开油水分离器座上的放气螺塞，上下按压手泵将油水分离器前管路的空气排空，没有气泡冒出再上紧放气螺塞。
- 如图 3.2 所示，将单体泵泵室顶部的放气螺塞松开，上下按压手泵排空直到将滤清器、单体泵泵室充满燃油，没有气泡冒出再上紧放气螺塞。
- 将各缸高压油管连接喷油器的接头松开，上下按压手泵将高压油管中的空气排出，直至燃油流出再上紧接头。
- 排空完成后，将流出在柴油机和车架上的燃油擦拭干净后才能起动柴油机。

- 禁止以起动机拖动柴油机来排空。
- 在排空的过程中应避免燃油溅到排气管、起动机、线束（特别是接插件）上，若不小心溅到，则须将燃油擦拭干净。
- 在排空操作的过程中必须保证燃油清洁免受污染。
- 严禁在柴油机运转时拆卸柴油机的高压油管，由于高压油管内的压力高达 1800bar，同时高压油管内的压力有一个保压延时，因此要在停机 30s 后才能进行拆卸油管，确保安全。

图　　解	操作步骤及技术要求

（2）共轨系统的燃油系统示意图（如图 3.3）

松开油水分离器座上的放气螺塞，上下按压手泵将油水分离器前管路的空气排空，没有气泡冒出再上紧放气螺塞。

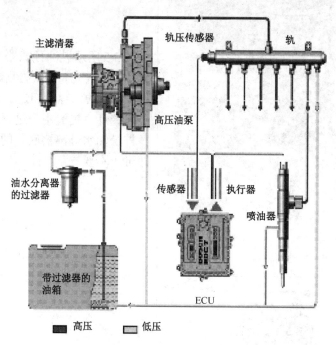

图 3.3　共轨系统的燃油系统

图 3.4　柴油精滤器

- 将柴油精滤的出口过油螺栓清洗干净，拧松该过油螺栓（不要拧掉），按压手油泵，至拧松的精滤出口过油螺栓处不再有气泡冒出为止，然后扭紧该过油螺栓即可。最后注意清理排空时流到柴油机和车架上的燃油，如图 3.4 所示。

 ⚠警告⚠

请关掉柴油机电源后再排空，不允许拧松高压油管螺母进行排空，高压部分的排空由高压油泵运行时自动将空气排回油箱内。

5. 燃油预滤器放水操作方法

电控柴油机运行一段时间后，请务必注意对油水分离器（即燃油预滤器）适时放水，放水周期视所用柴油的含水量情况灵活调整！

柴油机维修教程

图　　解	操作步骤及技术要求
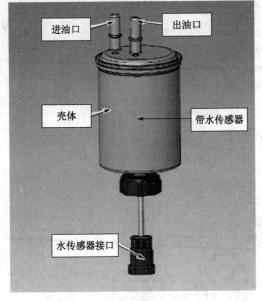 图 3.5　燃油预滤器 1	图 3.5 所示燃油预滤器下端带有放水装置和水传感器，可以监测燃油中的水分含量，沉淀的水容量超过一定范围，就会接通报警灯，提醒用户进行放水操作。 　　拧松油水分离器底部的螺塞放水，拧松即可，不要拧下。
 图 3.6　燃油预滤器 2 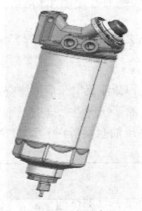 图 3.7　燃油预滤器 3	图 3.6 和图 3.7 所示燃油预滤器下端带有水传感器，可以监测燃油中的水分含量，沉淀的水容量超过一定范围，就会接通报警灯，提醒用户进行放水操作。

图中标注：进油口、出油口、壳体、带水传感器、水传感器接口、只有放水螺塞

3.4 电控柴油机的技术保养

柴油机在使用过程中由于零件磨损、紧固件松动、电器接插件松动、间隙变化、油料变质等,都会使柴油机的技术状态恶化。从而会使柴油机出现起动困难、功率下降、油耗增加等各种不正常的现象,甚至不能正常工作。因此需要根据柴油机的技术状态及工作时间或车辆行驶里程,定期对柴油机各部分进行清洁、检查、润滑、调整或更换某些零件等技术保养。这是合理使用柴油机的重要内容。

注意: 为了使柴油机保持良好的技术状态,减少、避免故障,延长使用寿命,用户必须按规范要求进行技术保养。

1. 技术保养周期

根据柴油机各个零部件技术状态恶化程度不同的规律,将各项定期需要技术保养的操作分为 4 个等级,如表 3.1 所示。

表 3.1 技术保养周期

项 目	保 养 周 期	保 养 项 目
日常维护★	每日进行	检查油箱油量
		检查冷却液量
		检查机油量
		检查"三漏"情况
注意:(1)只有在柴油柴油机冷机状态下,才能正确地检查各种液面的高度。 (2)柴油机运转中切不可给油箱加油。若车辆在高温环境下工作,油箱不能加满,否则燃油会因膨胀而溢出,一旦溢出要立即擦干。 (3)如果柴油机在较多灰尘的环境下工作,则应每天拆开空气滤清器,清除灰尘。		
一级保养	每 1500~2000km (或每 50h)	所有日常维护项目
		清洗机油滤清器及输油泵进油滤网
		检查风扇皮带的松紧度
		检查缸盖螺栓的拧紧情况
		检查并调整气门间隙
		检查喷油器的工作压力(如柴油机性能出现异常时)
		对新机或刚大修好的机更换机油
		找到诊断接口放到明显的地方
		增加连接电脑诊断仪进行检查,清除故障码
		增加:电脑检测柴油机电控系统故障码并清除故障码
二级保养	每 5000~6000km (或每 150h)	所有一级保养项目
		每隔一次二级保养(每 10000km)更换机油滤清器
		每隔两次二级保养(每 10000~12000km)更换柴油滤清器
		清洁空气滤清器
		检查气门密封情况
		给水泵加注润滑脂
		检查电器线路各连接点的接触情况
		检查所有重要螺栓螺母的拧紧情况

项　目	保养周期	保养项目
二级保养	每 5000~6000km（或每 150h）	若水套结垢严重应清除掉
		清洗呼吸器滤芯
		更换机油
		增加：电脑检测柴油机故障码并清除故障码
三级保养	每 30000~40000km（或每 800~1000h）	（视情况）解体整机清除油污、积炭、结焦等
		检查各摩擦副、运动件的磨损变形情况
		检查喷油泵的工作情况
		检查喷油器的工作情况
		检查机油泵的工作情况
		检查发电机及起动马达的使用情况，清洗轴承及其他机件，加注润滑脂
		检查气缸垫及其他垫片的使用情况
		排除各种隐患
		更换机油
		增加：电脑检测柴油机故障码并清除故障码

注意：三级保养完成的柴油机应有 2500km 磨合期，不能马上高速高负荷运转，以免损伤机件，影响使用寿命。

特别提醒：

- 用户必须在新车行驶 1500~2500km 内到相应厂家的服务站进行走合保养并记录保养情况;
- 保养后每 10000km 内到相应厂家的服务站进行一次强制保养，要求 50000km 内强制保养不少于 3 次。

2. 技术保养汇总表（见表 3.2）

每天进行日常维护，检查冷却水量、油底壳及喷油泵内的机油量、检查"三漏"情况。

表 3.2　技术保养汇总

检查保养项目	里程（×1000km）	走合期	4	8	12	16	20	24	28	32	36	40	44	48
	时间（月）		1	2	3	4	5	6	7	8	9	10	11	12
清洁柴油机总成			△	△	△	△	△	△	△	△	△	△	△	△
检查并调整皮带松紧度		○	△					△						△
检查和清洁空气滤清器滤芯				△				△				△		△
更换空气滤清器虑芯								△						△
检查加速和减速性能及排气状况		○	△		△		△		△		△		△	
检查气缸压缩压力														△
检查、调整气门间隙		○		△				△				△		△
检查柴油机"三漏"情况			△	△	△	△	△	△	△	△	△	△	△	△
检查润滑油的清洁度和剩余量			△	△	△	△	△	△	△	△	△	△	△	△
更换柴油机润滑油		○	△	△	△	△	△	△	△	△	△	△	△	△
更换机油滤清器总成				△		△		△		△		△		△
检查缸盖螺栓的拧紧情况		○												△
消除燃油滤清器的沉积物		○	△	△	△	△	△	△	△	△	△	△	△	△
增加														

续表

检查保养项目	里程 (×1000km)	走合期	4	8	12	16	20	24	28	32	36	40	44	48
	时间（月）		1	2	3	4	5	6	7	8	9	10	11	12
检查喷油器（单体泵系统）压力		○												△
检查高压共轨系统是否工作正常		○												△
检查单体泵系统是否工作正常		○												△
检查节温器的功能														△
更换燃油滤清器					△			△			△			△
检查散热器是否工作正常														△
清洁柴油机冷却系														△
检查增压器是否工作正常														△
清洗呼吸器滤芯				△		△		△		△		△		△

说明：○项目为三包服务站完成。

3. 电控柴油机的日常维护注意事项

（1）燃油系统的日常维护

① 对燃油清洁度的特别要求

相对于传统的机械式燃油系统而言，电控系统对燃油的清洁度要求更苛刻（见图3.8）。因为电控系统要产生更高压力的燃油以及实现更高精度的控制，内部的量孔更加精细，运动元件的配合也更精密，不清洁的燃油会使单体泵和共轨高压泵及喷油器堵塞而失效，也会使运动元件受到磨损而缩短使用寿命。

图3.8　加注清洁燃油

a. 不要加注不符合国标的燃油，应该在正规的加油站进行燃油加注。

b. 不要让加注后的燃油受到污染。

c. 在需要拆装燃油管路时，必须保持操作人员的手及所使用工具的清洁，避免燃油管路受到污染，必须按照厂家要求的拆装方法进行操作。

d. 更换柴滤器时，先用清洁的柴油加满新的滤清器，再顺便清洗一下油管接头，以免因燃油系中进入空气或杂质，引起起动困难，运转不稳。然后用少量清洁的机油润滑橡胶密封圈，再安装滤清器。

② 燃油主滤清器（精滤器）和预滤器（粗滤器）

a. 电控柴油机采用两级专用高效的燃油滤清器，即安装在车辆上的燃油预滤器和安装在发机上的燃油精滤器。

b. 燃油滤清器和预滤器是保证燃油清洁度的关键部件，使用厂家指定要求的燃油滤清器和预滤器对于保证电控系统能够长期稳定工作是十分重要的。电控柴油机系统的燃油滤清器和预滤器必须用厂家专用件，不要购买劣质燃油滤清器与油水分离器，绝不允许用传统（欧Ⅱ以前）的柴滤或不经厂家认可的产品代替，否则容易造成电控系统部分零部件早磨等故障，对于因用户使用劣质燃油滤清器与油水分离器，引发的无法起动、起动困难、功率不足等故障，厂家不予保修。

c．滤清器更换周期：每运行 10000～12000km 或累计运行 200～250h（先到为准），更换一次柴滤。更换柴滤时，一定要使用厂家指定的配件。

警示：开通放水报警功能的电控柴油机，出现放水报警信号后必须及时放水；没开通放水报警功能的电控柴油机，请务必注意观察燃油预滤器积水杯的积水情况，及时放水！

③ 燃油抽空，重新加注后的排空方法

a．严禁在柴油机运转时拆除柴油机的高压油管，由于高压油管内的压力可以高达 1600～1800bar，所以必须在停机后才能进行拆卸油管，确保安全。

b．松开油水分离器座上的放气螺塞，上下按压手泵将油水分离器前管路的空气排空，没有气泡冒出再上紧放气螺塞。

将柴油精滤的出口过油螺栓清洗干净，拧松该过油螺栓至有油流出（不要拧掉），按压手油泵至拧松的精滤出口过油螺栓处不再有气泡冒出为止，然后扭紧过油螺栓，最后注意清理排空时流到柴油机和车架上的燃油。

c．为完全将空气排出，对于单体泵电控柴油机还需进行如下操作：

将单体泵泵室前端顶部的放气螺塞松开，以手泵排空直到将单体泵泵室充满燃油，没有气泡冒出再上紧放气螺塞。

将各缸高压油管连接喷油器的接头松开，以手泵将高压油管中的空气排出，直至燃油流出再上紧接头。

注意：请关掉柴油机电源后再排空。高压共轨系统不允许拧松高压油管螺母进行排空，高压部分的排空由高压油泵运行时自动将空气排回油箱内。

（2）电气部分的日常维护

电控柴油机的电器元件主要有控制器、传感器、执行器和线束等，柴油机电控元件一定要保持干燥、无水、无油、无尘。

ECU 控制器（见图 3.9）是整个电控系统的"大脑"，由硬件和软件组成，安装时应尽量远离柴油机和车辆的高温区，在使用和维修过程中严禁碰撞和摔落。Delphi 共轨系统每个电控喷油器均有 16 位修正码，一旦将喷油器修正码输入控制器，则控制器和柴油机必须配对，各缸喷油器之间不能互换；Delphi 单体泵系统的电控单体泵也有修正码，同样要求控制器和柴油机必须配对，各缸单体泵之间不能互换。

Delphi 单体泵系统 ECU（控制器）　　Delphi 共轨系统 ECU（控制器）　　BOSCH 共轨系统 ECU（控制器）

图 3.9　ECU 控制器

ECU 控制器必须安装在防水、防油、防震的地方。Delphi 单体泵和 BOSCH 共轨系统 ECU 控制器壳体与车身必须接地良好（部分柴油机的装在柴油机上），Delphi 共轨系统的控制器要求必须与车身绝缘。

注意：进行电焊作业时，一定要关总电源并拔掉 ECU 上的所有插件！

虽然电控系统各个零部件采用一些防护措施，例如传感器或执行器与线束接插件之间的连接采用了隔水橡胶套圈，控制器（ECU）与线束之间的连接有盖板覆盖，但是仍然不能用水直接冲洗柴油机电控部分的零部件和接插件。电控系统安装与拆卸必须经过专业的电控培训，不允许用户自行拆装电控系统零件。因此，电控燃油喷射柴油机的日常维护应注意以下几点：

① 拔插线束及其与感应器/执行器的连接部分之前，切记首先关掉点火开关与蓄电池总开关，然后才可以进行柴油机电气部分的日常维护。定期用洁净的软布擦拭柴油机线束上积累的油污与灰尘，保持线束及其与感应器/执行器的连接部分的干燥清洁。

② 当更换柴油机零部件后，例如更换高压油管后，电控系统接线柱周围积油时，应立即用洁净软布或卫生纸将积油吸干。

③ 当电气部分意外进水后，例如控制器（ECU）或线束被水淋湿或浸泡，切记首先切断蓄电池总开关，并立即通知维修人员处理，不要自行运转柴油机。

④ 由于很多接插件都是塑料材料，安装拔插时禁止野蛮操作，一定要确保锁紧装置拉到位，插口中无异物存在。

⑤ 注意维护整车线路，发现线束有老化、接触不良或外层剥落或破损要及时维修更换，但是对于传感器本身出现损坏时，一定要由专业的维修人员进行整体更换，不允许自行在车上进行简单的连接或维修。

（3）蓄电池的日常维护

尽量保持蓄电池的电压在各电控系统要求的正常范围（Delphi 单体泵 18～32V；BOSCH 共轨 9～32V）；Delphi 共轨系统 10～14V）。环境温度过低时，要对蓄电池进行保暖防护。

接通断开蓄电池和点火开关的要求：

· 司机断开蓄电池总开关之前，应先关闭点火开关。一般地，因为 ECU 在点火开关断开后，需要一段时间存储柴油机的运行状态参数（例如故障码），因此建议在关点火开关 30s 以后后再断开蓄电池总开关。

· 司机接通蓄电池与点火开关时，应先接通蓄电池总开关，然后再接通点火开关。

（4）进排气系统的日常维护

进排气系统的作用是保证进气清洁、充足，排气通畅。如果进、排气系统出现问题，会引发零件早磨，燃油耗高、功率不足等问题。

空气滤清器的使用、保养：

① 绝对禁止柴油机在不装空气滤清器或空气滤清器失效的情况下工作。

② 平时可以通过观察装在空气滤清后的进气管上的空气阻力指示器来判断空气滤清器的堵塞情况，当空气阻力指示器的指示窗口由正常情况下的绿色变成红色，则表明滤清器进气阻力超过限定值，需要对其进行清理或更换。如果空气滤清器上没有空气阻力指示器，则视环境空气中含尘量的高低来定期检查并清理或更换：

③ 每运行 1 个月（2000～5000km），应对滤芯清洁积尘，检查密封性等，每运行 2 个月（5000～8000km）应对空滤器的整体滤芯进行更换。由于车辆用途和使用差异性大，应该灵活调整保养、更换周期。一旦出现空气滤清器堵塞，应立即停机清理或更换空气滤清

器滤芯。

空滤保养操作要点：

图　　解	操 作 要 点
 图 3.10　主滤芯 　　　图 3.11　安全滤芯	• 主滤芯(见图3.10)用 0.15～0.4MPa 左右的压缩空气由里向外吹干净。禁止用水清洗滤芯。 • 安全滤芯（见图 3.11）只能用软毛刷刷拭干净，不能用压缩空气吹！
 图 3.12　主滤芯 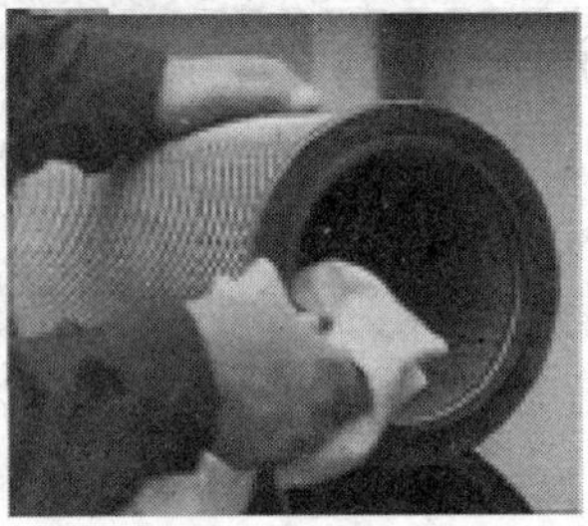　　　图 3.13　安全滤芯	• 用干净的棉布擦拭干净主滤芯、安全滤芯的密封胶圈（见图 3.12、图 3.13）。
 图 3.14　空滤壳	• 用干净的棉布把空滤壳内腔、盖擦拭干净（见图 3.14）。
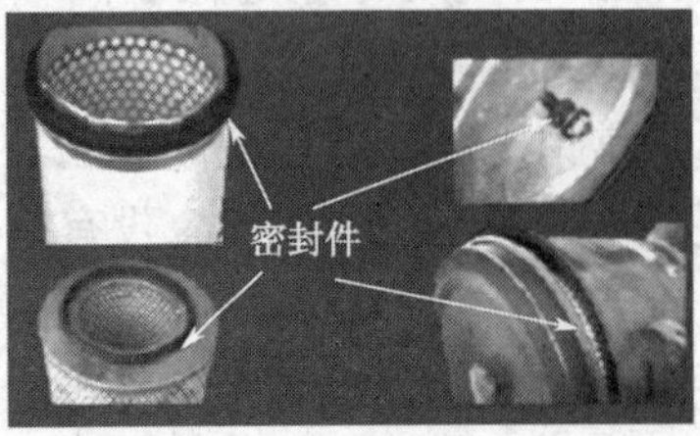 图 3.15　各种密封件	• 检查密封件的气密性。各种密封垫片、密封圈须齐备（见图 3.15）。

图　　解	操作要点
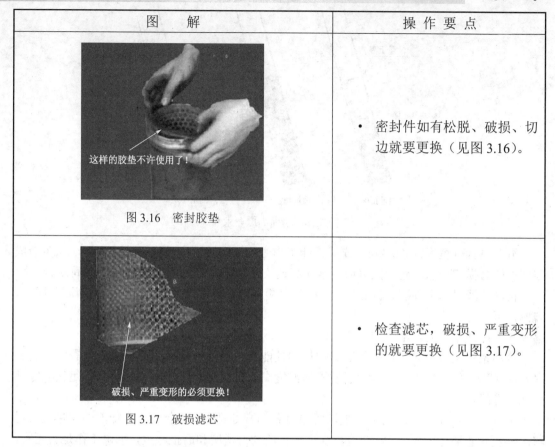 这样的胶垫不许使用了！ 图 3.16　密封胶垫	• 密封件如有松脱、破损、切边就要更换（见图 3.16）。
破损、严重变形的必须更换！ 图 3.17　破损滤芯	• 检查滤芯，破损、严重变形的就要更换（见图 3.17）。

④ 养成定期检查进、排气管路和增压器的习惯，要求：管路结合可靠，无破损、无打折、无真空节流；增压器叶轮转动灵活，轴向间隙适当，无窜油窜气现象；检查排气背压正常，排气制动阀和消声器无堵塞。怠速运行 3～5min 后才能熄火，否则，增压器容易损坏。

（5）润滑系统的日常维护

① 电控柴油机零部件的精度很高，对于机油油品的要求较高，必须使用 CF-4 级或以上级别的柴油机机油，见表 3.3。

② 机油的工作温度要求在 90～116℃，机油压力在正常使用时应在 0.2～0.6MPa 之间，怠速时应不低于 0.1MPa，当发现机油压力不够时，要及时停机检查，排除故障，否则会引发烧瓦、烧毁增压器等严重故障。柴油机起动后必须怠速（低速）运转 3～5min，要让润滑油充分润滑增压器轴承后再加速运行；停机前，柴油机应怠速运转 3～5min 后再停机，让增压器得到充分冷却后再停机。不允许急加速后突然停机。

表 3.3　电控柴油机机油油品使用要求

使用条件	夏季	≥0℃	≥-15℃	≥-30℃
油品牌号	15W/40CF-4	15W/30CF-4	10W/30CF-4	5W/30CF-4

③ 用户要定期检查油底壳内的油面高度和油品质量，油面高度要保持在油标尺的上下刻度之间，如图 3.18 所示。机油变质后要及时更换。

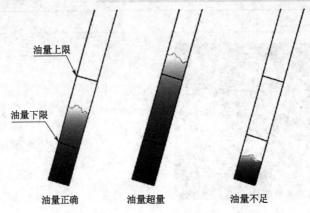

油量上限

油量下限

油量正确　　　　　　　油量超量　　　　　　　油量不足

图 3.18　油面高度要求

汽车每行驶里程 10000km（或每累计工作时间 250h），应更换机油滤清器，以免造成零部件的磨损和烧蚀。起动频繁或经常在高速大负荷下运行的机器应缩短换油周期。

机油滤清器为主旋装式滤芯结构，在保养更换时，只需拧下旧滤芯并装上新滤芯即可，方便、可靠。

（6）冷却系统的日常维护

冷却系统是否正常运行关系到柴油机的性能和可靠性。当冷却系统出现问题时，会有水温高（"开锅""返水"），继而引发机油温度高、排温高、燃油耗高、功率不足甚至零部件烧损等问题。

① 日常维护保养和使用中，要注意检查各结合处是否存在泄漏，冷却液的容量是否足够，如果不足要及时添加。定期检查水泵皮带轮的松紧度和磨损程度，水泵工作是否正常，节温器和水温表是否有效。使用较长时间后，要定期对水腔内的水垢进行清理。在寒冷地区停机时间较长时要放尽冷却液（加防冻液的不需要放），以免缸体、机油冷却器等机件冻裂。厂家强烈推荐使用防冻液。

② 当冷却液温度过高时，柴油机会进入热保护状态，降低柴油机输出功率，甚至会自动停机，此时用户应该仔细检查导致高温的原因并予以排除。

3.5　柴油机的磨合

新机或刚大修过的（包括换过活塞、活塞环或主轴瓦、连杆瓦）柴油机在正常使用前必须先经过从小负荷开始逐步增加负荷的磨合过程，通过磨合进行初期检查、调整走合保养，尽量使柴油柴油机各运动副磨合良好，避免不正常的磨损。

1. 磨合前的准备工作

（1）操作人员必须认真阅读使用说明书，熟悉柴油机的机构、性能、操作和维护、保养方法。

（2）将柴油机外表面清理干净。

（3）检查油底壳内机油油位、不足时按要求添加至规定油面高度。

（4）向各润滑点加注润滑脂。

（5）检查、添加燃油、冷却液。

（6）检查蓄电池液面，不足时按技术要求添加至规定液面高度。

（7）检查皮带松紧度。

（8）检查电器线路、ECU、传感器及各线束接头连接是否正常、牢固。

（9）将变速箱处于空挡位置。

2. 磨合

需有 2500km 的磨合期，以使各运动件的配合性能进一步提高，保证柴油机的工作可靠性及使用寿命。在磨合期间应注意以下事项：

（1）汽车起步前，柴油机要中低速运转暖机至少 3～5min。

（2）汽车起步后，不能急踩油门加大负荷，需缓慢加速。

（3）柴油机怠速或满负荷运转最好不要超过 5min。

（4）要经常变换转速，避免柴油机恒速运转时间过长。

（5）要适时换挡，防止柴油机低速硬拖。

（6）经常观察机油，水温表，保证柴油机的正常工作状态。

（7）避免高速高负荷运转。

对刚大修好的柴油机，也需有 2500km 的磨合期，以保证各摩擦副的配合效果。

3. 磨合期结束后的技术保养

（1）放出润滑系统内的机油，清洗润滑系统，更换机油滤清器滤芯，按规定标号更换机油。

（2）检查调整气门间隙。

（3）检查各部门螺栓的紧固情况，检查各电器接插件、传感器、ECU 的连接情况。

注意：只有按技术要求进行磨合、保养后，柴油机才能转入正常使用，否则将会缩短柴油机的使用寿命。

小结

1. 了解电控柴油机主要功能：①起动油量控制，正确操作：驾驶员只需将点火钥匙旋转到起动挡，不需要踩油门；②扭矩输出控制；③怠速闭环控制是指 ECU 可根据冷却液温度、蓄电池电压与空调请求等自动调节怠速。④起动预热控制，在加热过程中，预热指示灯亮以提醒驾驶员，预热指示灯灭才能起动柴油机。⑤跛行回家控制：是指汽车发生严重电控系统故障时，ECU 采用跛行回家控制策略限制柴油机转速，这是避免车辆半路抛锚的一种失效保护策略。还有多种控制电控柴油机运行的方法，ECU 实时对柴油机的各个参数进行监测，进行故障诊断，以便于维护柴油机并提高车辆行驶安全性。当系统检测到故障时将点亮柴油机故障灯，告知驾驶人员及时检修柴油机。

2. 电控柴油机起动前要检查以下项目：①检查各传感器外表面是否完好，传感器线束是否扎紧，线束接插件接触是否良好；②检查油底壳机油油面，确保机油足够；③检查水箱中的冷却液，不足应加注（必须使用牌号相同的防冻冷却液）；④检查燃油预滤器并及时放水；⑤检查油箱燃油是否充足；⑥检查电器系统（各连接线路、开关接线等）是否牢固可靠；⑦电瓶电解液是否充足；⑧检查皮带，松紧度应适宜；⑨检查汽车底盘和操纵装置等。

3．电控柴油机起动、运转中应该注意的问题：①起动时不允许踩油门；②装有预热装置的柴油机，预热指示灯灭后才允许起动；③车辆起步：要求尽量用一挡起步，避免高挡起步；④加速油门踏板的操作：轻踩慢放；⑤换挡点的推荐：建议柴油机的换挡转速应在在最大扭矩点转速附近；⑥涉水行驶的注意事项：车辆应遵循以下规定，原则上 ECU 离水的高度应超过 200mm，并且车辆应以小于 10km 的时速通过；⑦停机时：关闭第一级钥匙后，电控柴油机需要等待 30s 以后，才能关闭总电源。

4．电控柴油机的日常维护是预防性维护，主要工作是检查，由驾驶员完成，主要是：检查油箱油量、检查冷却液量、检查机油量和检查"三漏"情况等；一级维护是专业人员执行的，主要是以清洁、检查、调整和补充更换为主；二级维护工作主要以检查、调整和更换为中心内容。

5．换季保养主要是因为夏季、冬季温度差别大，电控柴油机内的油、水受温度影响较大，故转季时应该进行换季保养。

6．电控柴油机的磨合主要针对新柴油机或大修后的柴油机，在 1500～2500km 或 50h运行时，要进行的磨合期保养，其目的是改善零件摩擦表面几何形状和表面层物理机械性能。

实训要求 _____

实训：二级维护保养项目

实训内容：对着电控柴油机说出二级维护保养的内容。

实训要求：懂得二级维护保养电控柴油机的作业项目和技术要求。

复习思考题 _____

1．电控柴油机起动前应该做什么检查？

2．燃油抽空重新加注后的排空气方法如何操作？

3．电控柴油机日常维护保养项目有哪些？

4．电控柴油机磨合前准备工作有哪些？磨合后应该做哪些技术保养？

第4章

柴油机故障诊断与排除

一台柴油机质量的好与坏，主要取决于 3 个方面：一是产品本身质量（性能及可靠性）；二是使用者的使用与维护保养是否符合产品说明书的有关要求；三是维修者的维修技术能否恢复或接近产品的技术性能。以上 3 个方面中任何环节出现问题，都会给产品质量造成不良影响，为使使用者和维修者更好地使用维修好的柴油机产品，不断增加经济效益，本章主要介绍有关柴油机在使用过程中出现故障时的诊断与排除方面的知识。

4.1 柴油机故障信息的收集和分析原则

任务

通过本节内容的学习，使学生了解柴油机故障类别，信息收集、分析的重要性，以及故障分析与排除的原则。

目标

使学生熟知诊断和排除柴油机故障的原则。

知识要点

1．柴油机故障的类别；
2．柴油机故障信息的收集；
3．柴油机故障分析的原则。

4.1.1 柴油机故障的类别

1．柴油机的先天故障

先天故障是指故障来自柴油机自身的质量问题，而与使用保养及维修技能无关的故障，如机体有砂眼而漏水或漏油，曲轴轴颈因硬度不够、使用时间不长就磨损超差等。

2．柴油机的人为故障

人为故障是指故障来自使用者不按使用说明书要求去进行使用和保养，或维修人员缺乏技能及失误造成的故障，例如少装或错装零件或不按规定更换符合要求的机油等。

这两种故障存在着前因与后果的密切关系。要知其前因和后果的真实情况，必须向有关人员进行了解，这是判断故障的最有效的依据之一。

4.1.2 柴油机故障信息的收集

1. 询问使用者（司机），了解故障产生的情况

询问使用者故障症状的发生是突发性或是使用时间较长而逐渐扩大的。下面以机油压力偏低为例进行分析。

（1）如得来的信息反映新机时已偏低，目前更低，那原因多为机油泵供油压力偏低或机油泵安全阀调整失灵，或者机油调压阀调整不当所造成。

（2）如果信息反映原新机时机油压力正常，现在因使用时间较长而出现油压偏低，多属机油泵磨损、供油不足、运动副磨损过大、泄漏机油过多，或油道油污堵塞使机油压力提不起来。

（3）如果是突然油压降低，原因多为机件损坏，如机油泵垫损伤，集滤器因油污堵塞，轴瓦突然损坏或某处油管断裂漏油严重所造成。

2. 询问使用者了解该机的使用与维修过程的情况

（1）机油压力和水温高低的变化情况：变化时间、变化现象，是维修前还是维修后改变？

（2）柴油机用油（机油、柴油）、用水出现的情况。

（3）何时何地何人做过哪些保养、维修调整或换件？

（4）什么时候，在什么情况下柴油机出现过异响或异常烟色？

（5）柴油机动力（功率和转速）变化情况等。

3. 对柴油机现场实地观察和试验

（1）观察柴油机"三漏"情况，以确定造成"三漏"的形式（如螺栓紧固力矩不足、密封垫或机件损坏）。

（2）倾听异响模式及其部位，以确定故障根源。

（3）观察排气烟色，以便分析故障原因。

（4）检查柴油机转速变化情况，可察觉柴油机性能的好与坏，有利于故障的判断。

一般来说，凡柴油机出现故障，必然会伴随出现上述 4 种现象中的一种或多种，不同的故障出现不同的现象，反过来说，不同的现象对应着不同的故障。

4.1.3 柴油机故障分析及排除的原则

故障分析包含以下 3 方面的内容：

1. 判断并确定柴油机是否存在故障

判断柴油机是否存在故障，不能凭意想猜测。要想做到这一步，必须熟悉以下四点：

（1）熟悉掌握柴油机各零部件配合（配套）参数及技术数据。这是判断零部件是否合格（或是有故障）的依据，除此之外，即属于凭经验所为，不够确切。

（2）掌握柴油机性能指标，如柴油机标定功率、最大扭矩及转速、全负荷最低燃油消耗率、排放温度及烟度（含烟色）等，在试验台架上进行检测，或凭实践经验相比较，可以判断柴油机是否合格或近似合格。

（3）柴油机异响的确认。柴油机里外及四周都会有响声，哪些是自然（柴油机必然存在）的响声，哪些是异响，鉴定者必须有所了解，并善于比较，懂得鉴别。

（4）柴油机转速稳定性。柴油机转速稳定与否，直接反映柴油机是否有故障，柴油机转速不稳定，多在低转速段，在高、中速段转速不稳定的也有，但少见。在高、中速段，加速不起动是常见现象，转速不稳或加速不起动，原因多在燃油供给系统上。

2. 分析并确定故障的部位

根据多方了解到的信息及现场故障现象的鉴别，初步确定故障部位及其严重性，以此来决定故障处理的步骤和方法。

3. 通过拆卸解体检测，确定其故障原因。

4. 故障排除应遵循由简到繁、由易到难、由外及里的原则，避免无谓的拆装解体，做到稳、准、快、省，一切为用户着想。

小结

1. 柴油机故障的类别有先天故障和人为故障。

2. 柴油机故障信息的收集方法一是询问使用者；二是了解该机的使用保养及维修过程（包括换件）情况；三是对柴油机进行实地观察和试机，了解柴油机的故障现象。

3. 柴油机故障分析的原则：首先判断柴油机是否存在故障，掌握该机的各种参数和性能指标，以及确定柴油机的故障现象（如异响或速度不稳定等）；其次分析确定故障原因部位；最后通过拆检，确定故障原因。

4. 故障排除应由简到繁、由易到难、由外及内，做到稳、准、快、省。

复习思考题

1. 柴油机故障信息的收集需要询问使用者（司机）哪些情况？
2. 判断并确定柴油机是否存在故障必须熟悉哪4点？
3. 故障排除的原则是什么？

4.2 柴油机起动困难

任务

通过本节内容的学习，使学生懂得从故障的现象分析其产生的主要原因，学会诊断和排除柴油机起动困难故障的基本思路和方法。

目标

使学生掌握诊断和排除柴油机起动困难故障的基本操作技能。

知识要点

1. 柴油机起动困难的现象;
2. 引起起动困难的原因;
3. 起动困难故障的诊断与排除方法。

所谓柴油机起动困难,指的是新机在环境温度为 5℃左右时,或在技术条件规定的温度范围内,连续起动 3 次均不成功者。对于在用柴油机,在常温下,多次起动都难以成功。这是常见的故障之一。

柴油机起动困难分两种情况:一是冷机起动困难,而热机起动不困难;二是冷机起动困难,热机起动同样困难。

4.2.1　柴油机冷机起动困难而热机起动不困难

1. 现象

(1) 起动转速正常,排气管无排烟;
(2) 起动转速正常,排气管冒白烟;
(3) 起动转速正常,排气管冒黑烟;
(4) 冷机起动后,热机起动比较容易。

2. 原因

(1) 起动转速正常,排气管无排烟

① 低压油路中有空气。致使无油到喷油泵、喷油器;
② 喷油泵的断油电磁阀未处于供油位置,致使无法向喷油器供油。

(2) 起动转速正常,排气管冒白烟

① 柴油质量不良或油箱底部有水。
② 环境温度低造成机体温度低,柴油在气缸内燃烧不完全或不燃烧即被排出。
③ 气缸垫被冲了水孔位或缸套内进水。
④ 低温起动,热机后白烟消失是正常现象。

(3) 起动转速正常,排气管冒黑烟并带有半爆炸声

① 喷油器雾化不良,个别或多个喷油器工作不良。
② 喷油泵供油角度大,供油多,造成燃烧不完全。
③ 进气量不足。

(4) 冷机起动运转升温后,热机起动容易

① 是活塞环或气缸的磨损达到临界间隙所致,升温后机油均匀润滑,弥补此间隙,机油温度升高黏度下降,摩擦阻力减小,使热机容易起动;
② 喷油器油嘴的磨损,同样到达临界间隙,热膨胀后间隙减小,恢复良好的喷油状态致使热机容易起动。

(5) 冷机起动曲轴转速不快,热机正常

① 蓄电池容量不足,起动后发电机对蓄电池补充充电后容量回升。

② 起动机有"拖底"现象，转矩不够，热机后起动阻力相对减小，易起动。

3. 诊断与排除

诊断思路（见图4.1）：

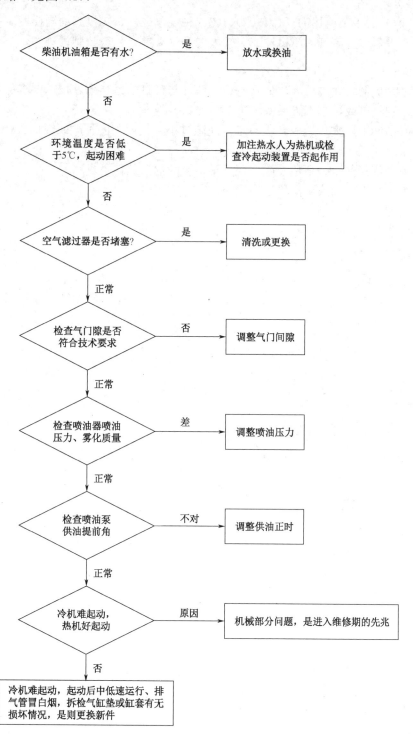

图 4.1　柴油机冷起动困难而热起动不困难诊断的思路

4.2.2 柴油机冷起动困难、热机起动同样困难

1. 现象

（1）除与 4.2.1 节所述的（1）、（2）、（3）种现象之外，热机起动同样困难；

（2）呼吸器口有窜气、窜机油或冒较大的烟气现象，且气味刺鼻难闻。

2. 原因

（1）多为机械方面的原因，如活塞、活塞环与气缸的磨损超过技术要求；

（2）个别气缸或数个气缸活塞环出现"对口"现象。

（3）气门间隙过大，造成升程不足；间隙过小，气门关闭不严或烧伤工作面，导致气缸的压缩压力降低，燃气难以自燃。

（4）喷油器喷油压力不足；或个别乃至多个喷油器工作不良；

（5）喷油泵不供油或供油量过小；

（6）调速器调整不当；

（7）低压油路有故障。

3. 诊断与排除

诊断思路（见图 4.2）：

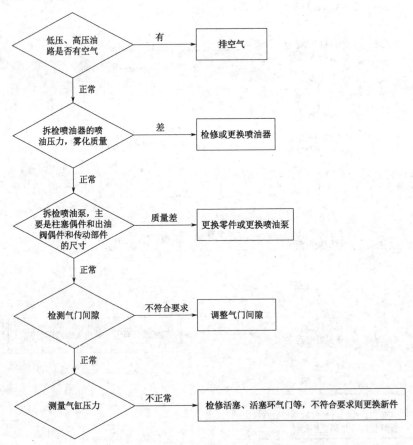

图 4.2　柴油机冷、热起动困难的诊断思路

（1）排除油路中空气的方法：

① 低压油路中的空气排除。先拆松燃油滤清器盖上的放油螺栓，用手抽压输油泵手泵泵油，先看到螺栓孔处有气泡冒出，直至泵到无气泡冒出，而后冒出的全是柴油时，即旋紧螺栓。随着柴油的流向，用同样的方法拆松喷油泵的放气螺栓（有些泵的限压阀有放气功能）排气；

② 拆松喷油器上的高压油管接头，用起动机转动柴油机数转，可将高压油路中的空气排除，便于起动。

（2）测量气缸压力，判断气缸密封程度，各缸压力因机型而异，一般不得低于 20MPa。压力过低或各缸压力差过大，应检修柴油机，使其符合技术要求恢复性能。

注意：当发现新装好的柴油机，或大修竣工的柴油机出现起动困难故障时，应考虑配气相位是否准确这一因素，检查油泵安装是否正确。

小结

1. 柴油机起动困难的现象，一是起动运转正常排气管无排烟；二是起动运转正常，但排气管冒白烟或黑烟。一些机子是冷机不易起动，热机容易起动；另一些机子是冷机热机都不容易起动。

2. 起动运转正常，但排气管无排烟，原因是无油到气缸；排白烟是机子温度太低或柴油有水，也有可能气缸进水；排黑烟是喷油泵供油量大，油多气少或喷油器工作不良，柴油雾化不好，燃烧不完全。

3. 活塞、活塞环与气缸磨损过量，导致压缩压力过低，也会造成起动困难。

4. 柴油质量不好或油路存有空气也是起动困难的一个原因。

实训要求

学会诊断和排除柴油机起动困难的基本操作技能。

复习思考题

1. 造成柴油机冷热起动困难的因素有哪些？

2. 柴油机冷机起动困难而热机起动不困难造成排气管不冒烟、冒白烟和冒黑烟的原因有哪些？

3. 排除排气管不冒烟的方法有哪些？

4. 排除排气管冒白烟的方法有哪些？

5. 排除排气管冒黑烟的方法有哪些？

4.3 柴油机功率不足

任务

通过本节内容的学习，使学生懂得如何从故障的现象分析其产生的主要原因，学会诊断和排除柴油机功率不足故障的基本方法。

目标

掌握诊断和排除柴油机功率不足故障的基本操作技能。

知识要点

1. 柴油机功率不足的故障现象及原因；
2. 柴油机功率不足的故障诊断和排除。

所谓柴油机功率不足，作为柴油机使用者来说，其反映主要是：一是柴油机空载转速达不到标定转速值，表现为汽车在平路行驶时达不到标定车速；二是扭矩达不到说明书要求的最大转矩指标，表现为汽车爬坡无力。

4.3.1 供油系统引起柴油机功率不足故障的诊断与排除

1. 现象

（1）柴油机中低速运转均匀，但转速提升不高，排烟过少。

（2）急加速时，转速提升不高，排气管排少量黑烟。

2. 原因

（1）气路

空气滤清器和进、排气道堵塞或气道过长阻力增大，气流不畅。增压机的连接胶管破裂。

（2）油路

① 喷油器喷油量不足，有滴漏。

② 输油泵供油不足，低压油路有空气或燃油滤清器堵塞来油不畅。

③ 喷油泵油量调节齿杆达不到最大供油位置。

④ 喷油泵柱塞磨损过量，黏滞或弹簧折断。

（3）机械

气缸磨损过量，造成压缩压力过低燃烧不完全。

（4）柴油

柴油质量不符合要求。

3. 诊断与排除

应本着先易后难、先气路后油路、先外后内的原则进行诊断与排除。

诊断思路（见图4.3）：

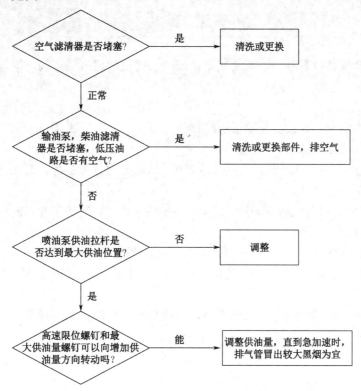

图 4.3　供油系统引起柴油机功率不足故障的诊断思路

（1）检查喷油泵油量调节齿杆，确认它是否能移动到最大供油位置。方法是将加速踏板踩到底，然后拉动喷油泵油量调节臂，若还能向加油方向移动，说明加速踏板阻碍了最大供油量，应予以调整。

（2）当上述检查尚不能确定故障时，则应检查喷油泵、调速器等高压油路部分。方法如下。

① 拆下喷油泵边盖，查看供油齿杆是否能达到最高速位置；

② 查看喷油泵各柱塞或挺杆有否黏滞；

③ 检查柱塞、挺杆、滚轮、凸轮是否过量磨损，以至影响柱塞升程不足；

④ 查看柱塞弹簧是否折断；

⑤ 检查出油阀是否密封；

⑥ 检查调速器弹簧弹力是否符合规定标准；

⑦ 在喷油器试验台上检查喷油压力、喷油质量、喷油角及有无滴漏，必要时更换喷油嘴，重新调整喷油压力使其符合技术要求。

4.3.2　机械部分引起柴油机功率不足故障的诊断与排除

1. 现象

（1）柴油机中低速运转均匀，高速加不起油，声音软绵绵、不干脆。

（2）柴油机震动，运转不平稳。

（3）排气管冒出白烟或滴水，中速、高速也存在。

（4）从呼吸器冒出烟气，排气烟色呈蓝色或黑色。

2. 原因

（1）气路

空气滤清器安装位置不对，极易堵塞，或进、排气管道气流不畅。增压器出气口之后的连接胶管破裂。

（2）油路

由于驾驶室变形，导致加速踏板拉杆移位，影响了最大供油量。

（3）机械（柴油机本身的问题）

① 活塞、活塞环与气缸磨损过量，活塞环折断，密封性能变差，造成气缸压缩压力变低，影响燃烧压力的升高。

② 连杆弯曲变形造成活塞偏缸、拉缸，曲轴轴瓦烧坏，致使柴油机内部摩擦损耗功率大，影响柴油机输出功率。

③ 润滑系统性能变坏，导致柴油机润滑不良，摩擦副故障内阻增大。

④ 冷却系统性能不好，导致柴油机温度过高，出现拉缸，影响柴油机输出功率。

（4）使用

由于使用者对柴油机构造的认识不足，运用与维修操作技术不规范，导致柴油机提前衰老、性能变差。

3. 诊断与排除

诊断思路（看图4.4）：

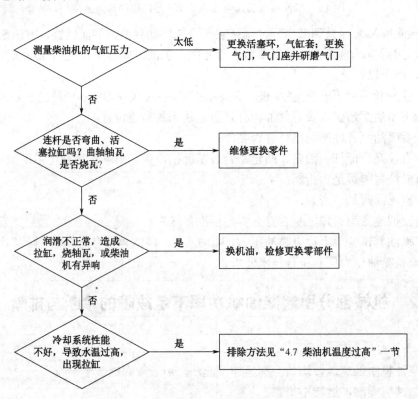

图4.4 机械部分引起功率不足的诊断思路

由于使用原因造成柴油机功率不足的故障，在修理工完成作业后，有义务向用户解释故障的成因、修理过程和使用保养方面的知识，共同延长柴油机的使用寿命。

小结

1. 柴油机功率不足的原因是多方面的，用户的反映有如下两方面：一是转速达不到要求，汽车加大油门也行驶不快；二是爬坡无力等。在没有测功机检测功率、扭矩和油耗率的条件下，如何学会从分析外围影响因素着手，对"柴油机无力"故障的诊断，是本节的主要内容。

2. 由于供油系统引起柴油机功率不足故障的现象是柴油机中低速运转均匀，但转速拉不高，排烟过少，急加速时，只有少量黑烟冒出，原因有气路、油路、机械和油品等方面的，有单项的，也有综合性的。

3. 诊断与排除柴油机功率不足故障应本着先易后难、先气路后油路、先外部后内部的原则进行。

实训要求

学会排除柴油机功率不足故障的基本思路和操作技能。

复习思考题

1. 由供油系统造成柴油机功率不足的现象、原因主要有哪些？
2. 如何检查高压油路方面的故障？
3. 机械部分引起柴油机功率不足的主要原因有哪些？

4.4 柴油机转速不稳

任务

通过本节内容的学习，使学生了解柴油机转速不稳的现象；懂得如何根据故障现象分析主要原因；学会诊断和排除柴油机转速不稳故障的方法。

目标

使学生学会诊断和排除柴油机转速不稳故障的基本操作技能。

知识要点

1. 柴油机转速不稳的现象及原因；
2. 柴油机转速不稳的故障诊断和排除。

柴油机转速不稳，有 3 种表现形式：震抖、游车和飞车。震抖有先天性和后天性；游车故障不排除，会带来飞车隐患；飞车是一种十分严重、危险的故障。

4.4.1　柴油机的震抖

1. 先天性震抖

（1）现象

新柴油机起动后，即有震抖现象发生，转速越高，震抖越激烈，怎样努力都无法排除。

（2）原因

柴油机旋转组件，如曲轴飞轮组、离合器总成动不平衡；往复运动组件，如活塞连杆组之间重量超差过大；怠速转速调整到低于额定转速，也会造成震抖。

一般来说，这种故障不应该发生在新出厂的柴油机上，因为按规定，装新柴油机时，要对各组件做严格的测试，如 YC6105、YC6108、YC6L 机型曲轴动不平衡量应小于或等于 50g·cm，而 YC6M 机型要求更加严格，要求小于 40g·cm，活塞连杆组的重量差也有严格的规定，并且是分组安装以保证整机往复惯性力和离心力的平衡。出现新柴油机发生震抖现象，多为拼装企业的产品。

一些修理厂，大修柴油机时，未按规定对新换的运动组件进行检验和修理，也有可能造成大修后的柴油机发生震抖故障。

另外，柴油机怠速调整过低，支承软垫太硬，与底盘发生共振，也会引起抖动，但调高怠速会消除抖动。

（3）诊断与排除

新柴油机出现这种故障，若是因为怠速调得过低出现的故障，可以调高些怠速排除故障，或者选用硬度小些的软垫。若排除不了应当找供货商或生产厂家处理。

大修更换运动件后出现无法消除的震抖故障，应解体重点检测运动件的动不平衡量或重量差，同时检验喷油器和喷油泵，必要时，检查活塞、活塞环与气缸的间隙，以确保柴油机压缩压力正常。

有些柴油机安装到底盘上倾角不合格，对中差，也会引起柴油机及整车震抖。

2. 后天性震抖

（1）现象

① 汽车上的柴油机，起动后震抖，加速时震抖更厉害，行驶时，好像要散架的感觉。

② 柴油机发出清脆而又有节奏的金属敲击声，急加速时响声更大，排气管冒黑烟。

③ 气缸内发出没有节奏、低沉、不清晰的敲击声。

（2）原因

① 柴油机支架螺栓松动或支架断裂；胶垫老化破损剥落。

② 供油时间过早或过迟；喷油雾化不良或喷油器滴油。

③ 各缸供油不一致。

④ 柴油机机体温度太低。燃烧不充分，工作不均匀。

（3）诊断与排除

诊断思路（见图 4.5）：

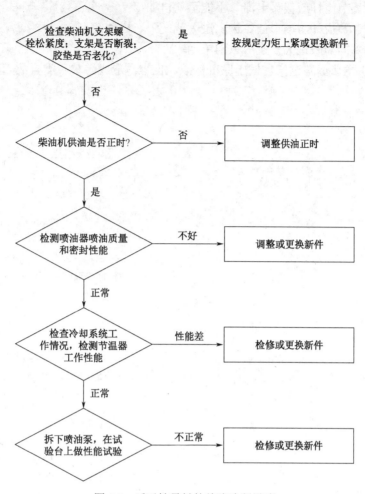

图 4.5　后天性震抖的故障诊断思路

4.4.2　柴油机游车

1．现象

（1）柴油机在怠速或中低速工况下，有规律地忽快、忽慢运转；

（2）柴油机的转速提不高，功率不足。

2．原因

（1）喷油泵调速器的故障。

① 调速器外壳的孔及喷油泵盖板孔松旷；

② 调速器内润滑油量少或润滑不良；

③ 飞块销孔、座架磨损松旷、灵敏度不一致或收张距离不一致；

④ 调速器弹簧折断或变形，弹簧刚度小，或预紧力小。

（2）喷油泵本体的故障。

① 供油量调节齿杆与调速器拉杆销子松动；

② 供油量调节齿杆或拨叉卡滞，不能运动自如；

③ 供油量调节齿杆与扇形齿轮齿隙过大或变形、松动；

④ 凸轮轴轴向间隙过大，造成来回窜动。

（3）柴油机怠速调整过低，低于原机标准，也容易造成游车和震抖故障同时出现。

3. 诊断与排除

诊断思路（见图4.6）：

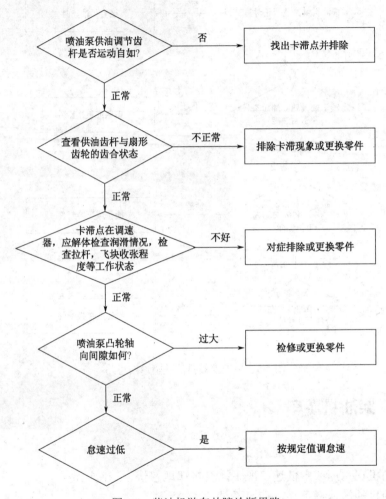

图 4.6 柴油机游车故障诊断思路

（1）若移动时发现卡滞或仅能在小范围内移动，应找出卡滞点。判断方法是将供油齿杆与调速器拉杆拆离，若齿杆运动自如，卡滞点在调速器，若齿杆仍有卡滞，说明卡滞点在喷油泵。

（2）若卡滞点在调速器，应拆下解体检查润滑情况，检查拉杆、调速弹簧、飞块收张程度和距离等工作状态，并对症排除。

（3）若是怠速调整过低引起游车震抖，应将怠速调到原机规定值。YC6105、YC6108机型稳定怠速不低于 700r/min。

4.4.3 柴油机飞车

1. 现象

柴油机转速突然升高，越转越高，失去控制，并伴有可怕的异响。

2. 原因

（1）喷油泵故障。

① 喷油泵油量调节齿杆和调节器拉杆脱开，调节失控。无法向低速方向运动。

② 喷油泵柱塞卡在高速供油位置使齿杆无法向低速方向运动。

③ 喷油泵柱塞的油量调整齿圈固定螺钉松动，使柱塞失控。

（2）调速器故障。

① 调速器润滑性能不好，润滑油太脏，冬季润滑油黏结，调速飞块难以甩开。

② 调速器高速调整螺钉或最大供油量调整螺钉调整不当。

③ 调速器拉杆、销子脱落或飞块销轴断裂，飞块甩脱。

④ 调速器弹簧折断或弹力下降。

⑤ 飞块压力轴承损坏，失去调速功能。

⑥ 全速调速器由于飞块座歪斜或推力盘斜面滑槽磨损，飞块无法甩开。

⑦ 推力盘与传动轴套配合表面粗糙，不能在轴上灵活旋转和移动。

（3）燃烧室进入额外燃料，无法熄火停车。

① 气缸窜入机油。

② 低温起动装置的电磁阀漏油，使多余的柴油进入燃烧室燃烧。

③ 多次起动不着火，气缸内积聚过多的柴油，一旦着火，便燃烧不止，转速猛增。

④ 增压柴油机增压器油封损坏，机油被吸入燃烧室燃烧。

（4）柴油车加速踏板踩下去被卡死在最大供油位置。

3. 诊断与排除

（1）紧急措施

① 立即将加速踏板拉回低速位置，并检查卡死踏板的地方，对应消除。

② 将供油齿杆或调速拉杆迅速拉回低速位置。

③ 用衣物堵塞空气滤清器或进气道，阻止空气进入气缸。

④ 迅速松开各缸高压油管接头，停止供油。

（2）柴油机熄火后确定飞车原因

① 当柴油机出现高速运转，迅速抬起加速踏板不回位，转速也不再升高，则是加速踏板拉杆或拉臂杠杆等处卡住所致，可对症排除。

② 若迅速抬起加速踏板，转速仍然继续升高，则可能是喷油泵柱塞或泵杆被卡住。可拆下喷油泵检查。

③ 若反复迅速抬起加速踏板，转速有所降低或熄火，则是调节器故障，应解体检查。

④ 若上述检查证实供油系统均正常，应当考虑检查有无额外的燃油或润滑油进入气缸内燃烧。

注意： 当飞车原因未找到并没有排除完，绝对禁止再次起动柴油机。

小结

1. 柴油机转速不稳定有震抖、游车、飞车三种形式，震抖有先天性和后天性，游车故障不排除，会带来飞车隐患，在飞车故障未彻底排除之前，绝对不能再次起动柴油机。

2. 柴油机先天性震抖，是旋转组件动不平衡或往复运动组件重量超差引起的，怠速调得过低也会出现震抖。后天性震抖多为柴油机支架螺栓松动或支架断裂；供油时间过早、过迟或各缸供油量不一致；柴油机机体温度太低等原因造成的，应对症修理。

3. 柴油机游车表现为在怠速或中速工况下，有规律地忽快、忽慢运转，加速不起，无力。原因出在喷油泵或调速器的齿杆或拉杆卡滞，弹簧折断或变形，飞块起不到调节作用，怠速过低也会造成怠速游车加震抖。

4. 柴油机飞车是一种十分危险的故障，其基本原因是使用者操作不当，或疏于正常的维护保养造成的。处理飞车的应急措施一是堵气路，二是断油路，迫使柴油机熄火。并对其喷油泵、调速器或加速踏板检查，确认供油系统无故障后，应考虑是否有额外的燃料如机油、柴油被吸入气缸内燃烧。

实训要求

1. 学习柴油机怠速转速太低造成游车、震抖故障的排除。
2. 在试验台架上体验喷油泵供油齿杆运动自如无故障的感觉。
3. 拆除解体调速器，观察内部结构和工作原理，模拟卡滞故障的排除。

复习思考题

1. 柴油机震抖故障的现象和原因有哪些？
2. 柴油机游车故障的原因有哪些？如何诊断与排除？
3. 如何紧急处理柴油机飞车故障？

4.5 柴油机排气烟色不正常

任务

通过对本节内容的学习，使学生了解柴油机排气一般有 3 种不正常的烟色，懂得如何根据各种烟色分析故障产生的原因，学会诊断和排除这些故障的基本思路和方法。

目标

使学生掌握诊断与排除柴油机冒黑烟、白烟、蓝烟的基本操作技能。

知识要点

1. 柴油机排气烟色不正常故障的现象及原因；
2. 柴油机排气烟色不正常故障的诊断与排除方法。

柴油机排气烟色不正常的情况一般分 3 种：黑烟、白烟（灰白色）、蓝烟（暗蓝色）。由于柴油机各缸工作条件不完全相同，各缸内混合气的含量也不同，燃烧时所产生的烟色也就很难定。在某种影响燃烧的因素较严重时，比如有个别气缸的喷油器工作不良，在各种工况下都会产生黑烟，而当空气滤清器堵塞时也会产生黑烟，此时的黑烟，是整台柴油机排放出的黑烟，浓度就大不一样了。因此，在处理排气烟色不正常故障时，也要用透过现象看本质的思维方式，仔细分析，对症排除。

4.5.1 柴油机冒黑烟

1. 现象

（1）柴油机难起动，且排气管大量冒黑烟；

（2）柴油机勉强起动后在各种工况下运行，排气管都在大量冒黑烟。

2. 原因

柴油机排气冒黑烟，是油、气比例失调，油多气少燃烧不完全所致。造成此故障的因素有多种，应从气路、油路、机械乃至油品诸多影响因素中逐个分析，对症排除。

（1）气路

① 空气滤清器堵塞或进气渠道不通畅；

② 增压器出气口后管路破裂漏气，中冷器堵塞。

（2）油路

① 喷油器喷油压力过低，雾化不良；

② 喷油器喷油压力过高，喷油量过大；

③ 喷油器针阀关闭不严，针阀与阀座间泄漏；

④ 喷油泵供油正时过早；

⑤ 喷油泵调速器调整不当。

（3）机械

气缸压力过低，导致柴油雾化不良或个别气缸不工作。

3. 诊断与排除

应本着由简到繁、先易后难、先外后内的原则进行诊断与排除。

诊断思路（见图 4.7）：

提示：判断喷油器的工作状况，在柴油机怠速和中、低速运转工况下，用 3 个手指分别触摸对比各缸高压油管。在正常工作情况下，手指可以感觉到有规律的脉冲，用此经验法可初步诊断出各缸喷油压力的均匀情况，然后拆下压力较低的喷油器检测调整。

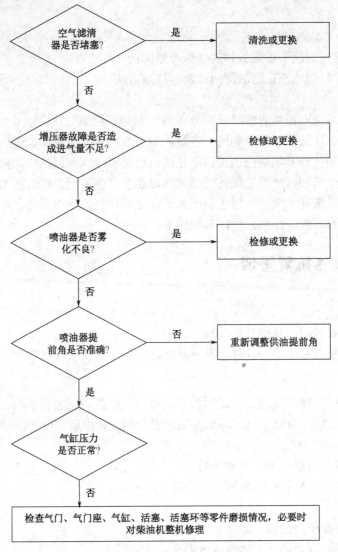

图 4.7　柴油机冒黑烟的诊断思路

4.5.2　柴油机冒白烟

1. 现象

（1）柴油机起动时或在中速以下运转时，排气管冒的是白烟或灰白烟。

（2）柴油机热机后仍然冒白烟，汽车行驶时无力，冷却水箱冒气泡或有油渍。

2. 原因

柴油机排气冒白烟多是气缸内有水所致，在高温下形成水蒸气排出，可从环境、机械与油品 3 个方面逐项分析排除。

（1）环境

① 周边环境温度低；

② 柴油机机体温度低造成柴油雾化不良、燃烧不完全。

（2）机械

① 气缸垫的水套孔被高压燃气冲坏，冷却水窜入气缸。

② 个别缸套有隐蔽砂眼裂纹或穴蚀现象，冷却水浸入气缸。

③ 气缸套有裂纹或喷油器铜套损坏，冷却水被吸入气缸。

（3）油品

油箱底层有水。

3. 诊断与排除

诊断思路（见图4.8）：

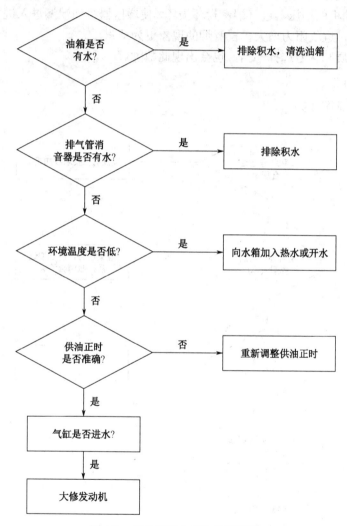

图4.8　柴油机冒白烟的诊断思路

4.5.3　柴油机冒蓝烟

1. 现象

（1）怠速或中、低速时，排气呈暗蓝色，中速以上不明显，但气味难闻刺眼刺鼻。

（2）中速以上冒蓝烟，全速时更加明显。

（3）机油减少量超出正常补给量。

2. 原因

（1）主要是机械故障。

① 气门导管磨损严重，气门油封损坏，机油从气门导管吸入气缸燃烧，但量少蓝烟不很严重。

② 活塞环与环槽配合间隙不符合要求，使其造成卡死，导致机油容易往气缸里窜。

③ 活塞和活塞环严重磨损，某缸或多缸活塞环断裂密封不严，造成机油窜入气缸。

④ 增压柴油机的增压器进气端密封环损坏，使增压器机油泄漏进入进气管。当空气滤清器维护不当时，进气阻力增大，冒蓝烟的现象更为严重。

（2）机油品质和牌号选择不当，也会出现此故障。

3. 诊断与排除

诊断思路（见图4.9）：

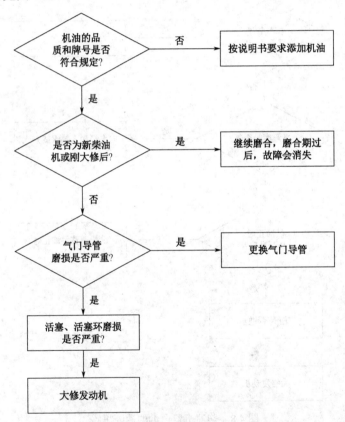

图 4.9　柴油机冒蓝烟的诊断思路

提示： 对于进气管上装有燃油预热装置的柴油机，当预热装置（包括继电器）失灵时，预热装置的油会自动进入柴油机进气管，怠速时排蓝白烟，中速以上时排蓝黑烟，随着转速升高烟度变小。

　　判别时只需把预热装置上的来油管及电源线断掉，此时烟度变小即可证明预热装置有故障。

　　柴油机排气烟色不正常故障的诊断如图 4.10 所示。

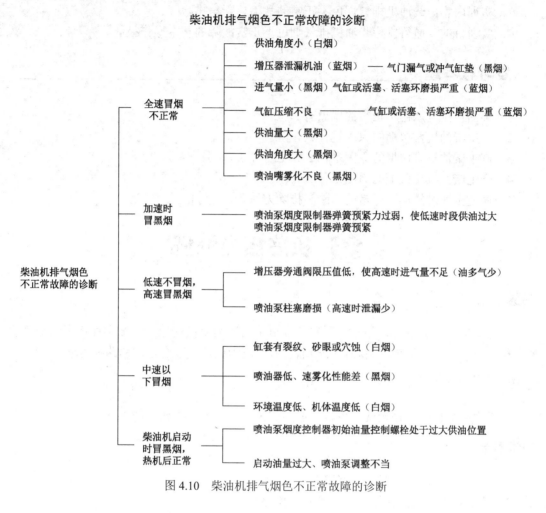

图 4.10　柴油机排气烟色不正常故障的诊断

小结

　　1．柴油机排烟不正常的现象有排黑烟、排白烟和排蓝烟。

　　2．供油量大，燃烧不完全，就会排黑烟，造成这样的后果是空气少，燃料多的缘故。而造成排黑烟可能是活塞、缸套磨损；空气滤清器堵塞；喷油泵调整不当；喷油器喷雾不好或喷嘴卡死等。

　　3．排白烟是由于缸体、缸套、缸盖裂，水道的水进入气缸；或温度低，燃料燃烧不完全；供油提前角小，部分燃油来不及燃烧就被排出去。

　　4．排蓝烟是烧机油造成的。原因是气缸、活塞、活塞环配合间隙大，机油窜上气缸内；增压器压气端密封环损坏，使增压器机油泄漏进入进气管；机油从气门导管进入气缸燃烧等。

实训要求 _____

1. 实训内容：柴油机排气烟色不正常的故障诊断与排除。
2. 实训目的：懂得排除柴油机排气烟色不正常故障的基本操作技能。

复习思考题 _____

1. 柴油机排气烟色不正常的现象有哪些？
2. 产生柴油机排黑烟的原因是什么？
3. 产生柴油机排白烟的原因是什么？
4. 产生柴油机排蓝烟的原因是什么？
5. 简述全速时排烟不正常的诊断和排除方法。

4.6 机油压力偏低

任务

通过本节内容的学习，使学生了解柴油机机油压力偏低的原因，懂得如何根据故障现象分析其产生原因，学会诊断和排除柴油机机油压力偏低故障的基本思路和方法。

目标

使学生掌握诊断和排除柴油机机油压力偏低故障的基本操作技能。

知识要点

1. 柴油机机油压力偏低的故障现象及原因；
2. 柴油机机油压力偏低的故障诊断和排除。

以玉柴产品为例，说明柴油机机油压力偏低的故障原因、现象、诊断和排除。玉柴产品说明书规定，怠速机油压力为 0.1MPa，高速油压小于 0.6MPa，如果柴油机怠速油压低于 0.1MPa，中速以上的油压低于 0.2MPa，都可以认为是机油压力偏低。当然，不同的柴油机机油压力低于多少为偏低，产品说明书上都有规定。

柴油机润滑正常与否，对柴油机的性能及寿命影响极大，在柴油机中，机油除起到减磨作用外，同时起到冷却、清洗、密封、防锈等不可缺少的作用，因此，只有在机油压力正常的情况下，才能保证机油流量的足够，以保证柴油机正常工作。

4.6.1 现象

下面以 YC6112 柴油机的润滑油路（如图 4.11 所示）为例，讲述润滑系统压力偏低的故障。

机油压力偏低有以下 3 种变化形式：

（1）自然性渐降压式

新机或刚经修理后的机子，原机油压力正常，后因使用的时间较长，机油压力逐渐下降至偏低。

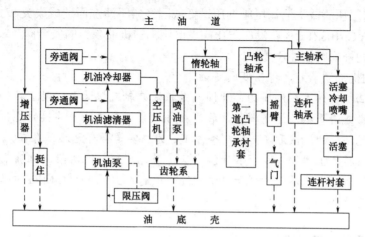

图 4.11　YC6112 润滑油路

（2）突发性降压式

因机件突然损坏造成油压突然下降。

（3）人为性降压式

由于调试不当或人为错误操作所造成。

4.6.2　原因

（1）自然性逐渐降压

① 由于机件逐渐磨损配合间隙过大所造成，或因机油使用时间过长或长期高温下工作，造成机油变质所致。

② 机油泵内外转子及端盖磨损，机油泵安全阀因机油过脏，活动不灵活或弹簧变弱等原因致使回油过多。

③ 机油变脏变黏而堵塞机油滤芯，特别是对于缸套活塞磨损严重的柴油机，更应该注意经常清洗或更换滤芯。

④ 集滤器滤网堵塞。如果是集滤器滤网及机油滤清器滤芯堵塞，在柴油机怠速或加速时，机油压力变化都很小，不像其他故障，油压随着柴油机速度提高而提高。有时甚至出现转速越高，机油压力越低的现象。

⑤ 主轴瓦、连杆轴瓦、凸轮轴衬套、惰轮轴铜套等磨损，机油泄漏过多造成油压偏低。

（2）突发性降压式

① 机油滤清器垫片被冲击损坏造成机油短路。

② 机油冷却器壳体裂开或焊接件脱焊，使机油泄漏，此时水箱有机油。

③ 主油道有砂眼穿孔（此现象有，但不多见）。

④ 主轴承座上的机油射油嘴（塑胶件）老化腐蚀损坏或喷勾松动而大量泄油。

⑤ 由于某种原因柴油机机油温度过高，机油变稀。

⑥ 机油泵的机油泵轴断裂或轴套松动，机油泵失效，造成机油压力偏低。

（3）人为性降压式

① 机油表（无油时指针不在 0 位）或机油传感器失灵，反映数据不准确。

② 主油道限压阀或机油调压阀调压过低或因经常不清洗而造成失灵，对于某些机型没有此部件，如 YC6108ZLQB 就没有限压阀，但该机的机油泵上的安全阀（或限压阀）调整过低或失灵，同样影响机油压力。

③ 选用的机油质量差，容易变质变稀。

提示： 柴油机突然无机油压力，原因多是机油泵轴或机油泵传动齿轮轴断裂，机油泵无法转动所致；或者是机油滤清器进油管焊接件破裂或与机油泵连接的螺钉松动，使油路中进入空气而无法吸油。在无任何检测条件下，为证实是否有无油压存在，可拆掉缸盖罩，在怠速时，观看摇臂上出油孔是否有油溢出来，若无，则可证实柴油机确无机油压力。

警告： 怠速时，当机油压力低于 0.08MPa，中速以上低于 0.15MPa 时必须及时停机检查，绝不能心存侥幸。

4.6.3 诊断与排除

机油压力偏低的故障判断排除思路为：

1. 冷机正常，热机偏低，故障排除思路如图 4.12 所示。

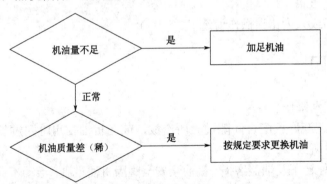

图 4.12 机油压力冷机正常，热机偏低故障的排除思路

2. 清洗机油滤清器，调整限压阀，若在短时间内（1min 内）堵死空压机和喷油泵进油道时，主油道油压增大。

（1）油压变大说明主油道前段来油不足，故障诊断思路如图 4.13 所示。

（2）油压变化很小，说明主油道后段的机件磨损漏油过大，故障诊断思路如图 4.14 所示。

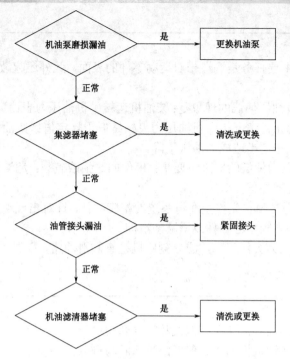

图 4.13　油压变大说明主油道前段来油不足

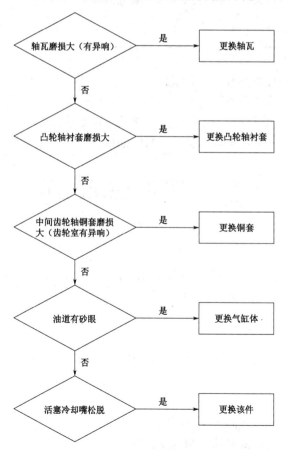

图 4.14　主油道后段的机件磨损漏油过大

小结

1．润滑系统的主要任务是润滑相对运动零件的表面，此外还起散热、清洗、防锈和密封作用。

2．润滑系统润滑油压偏低的现象是：柴油机运转中机油压力表读数突然下降至零左右；柴油机在温度和转速正常情况下，机油压力表始终低于规定值；柴油机使用时间长后，油压逐渐下降；人为操作不当造成的油压下降。

3．柴油机机油压力偏低的原因主要是：机件的磨损或破裂；滤清器的堵塞及没有按时保养润滑系统的相关零件。

4．润滑系统出现故障首先检查润滑系统的相应零件，针对出现现象采用相应的解决措施，如更换、清理、紧固相应零件或增减润滑油。

5．如出现机油压力突然下降，应立刻停机检查润滑油路。

实训要求

1．实训要求：柴油机机油压力偏低故障诊断与排除。

2．实训内容：柴油机机油压力偏低故障诊断与排除。

3．实训目的：懂得排除柴油机机油压力偏低故障的基本方法。

复习思考题

1．什么原因会造成自然性逐渐降压？

2．什么原因会造成突发性降压？

3．冷机正常，热机机油压力偏低故障的排除方法是什么？

4．油压变大说明主油道前段来油不足故障的排除方法是什么？

4.7 柴油机温度过高

任务

通过本节内容的学习，可使学生了解柴油机温度过高的原因，懂得如何根据故障现象分析其产生原因，学会诊断和排除柴油机温度过高故障的基本方法。

目标

使学生学会排除柴油机温度过高的基本操作技能。

知识要点

1．柴油机温度过高的故障现象及原因；

2．柴油机温度过高的故障诊断和排除。

柴油机出水温度的高低，一般都是通过水温表的度数来反映，水温表读数在 98℃ 以上，或水箱水开锅，即认为柴油机水温高。

柴油机工作温度过高，给柴油机的使用寿命带来很多不利影响，但工作温度过低，消耗热量过大，使零件配合间隙过大，互相撞击严重；同时柴油机机油温度低，机油黏度大，缸套很容易造成腐蚀磨损及增大摩擦阻力，降低功率。

柴油机冷起动一次的磨损量几乎等于行车 50km 的磨损量。冷起动，润滑条件不良，缸套—活塞环摩擦副形成微小磨伤，起动后必须怠速运转几分钟后这些微小磨伤才能被磨平，因此不能一起动就加速运行。

柴油机正常工作水温为 85～95℃，从零件磨损最小的角度讲，水温在 85℃ 为最好，因此，合理控制柴油机工作温度是提高柴油机工作效率的有效方法之一，应引起注意。

4.7.1　现象

柴油机水温过高的现象有：
（1）冷却循环效果不好，造成温度过高。
（2）气缸燃烧不良，排气管冒黑烟；柴油机有爆震现象；用手摸压气机出水管口感到很热。
（3）安装使用不当，造成水温过高。

4.7.2　原因

1. 造成第一种现象的原因

（1）水箱缺水、水箱散热管变形堵塞，机油冷却器水道不通畅，水箱结水垢造成严重散热不良（用手摸水箱上下方水温温差很大）。
（2）节温器失灵，开度不足，水泵小循环管回水过大（用手指压小回水循环管感到水压较大）。
（3）水泵皮带过松或损坏，致使水泵转速不正常。

2. 造成第二种现象的原因

（1）喷油泵供油量过大，燃烧时间过长，造成排气管冒黑烟。
（2）供油提前角过小，喷油嘴雾化不良及喷油开启压力过大，致使气缸燃烧恶劣，机油温度增高。
（3）排气门间隙过小，排气道不通畅。
（4）增压器旁通阀高速压力偏高致使进气压力过高，柴油机转速增加。
（5）冲缸床或缸套有裂纹，导致热废气进入水道，水温增高，但实际机油温度不一定高。
（6）压气机拉缸，使压气机温度过高，造成水温偏高，但机油温度不高。

3. 造成第三种现象的原因

（1）水箱、导风罩与风扇匹配不合理。
（2）增压机中冷器的安装位置是否影响水箱散热。
（3）排气刹车阀开启不合理（多在低速段），影响废气降温。

（4）柴油机长时间超负荷工作。

注意：有的汽车出现水箱返水时，温度指示并不高，而且开机不久即开始喷水，可能是膨胀水箱加水太满，或回水胶管堵塞、打折造成。也有的用户换错水箱盖。还有的客车带有暖风装置，其管路没有排完空气也会出现此现象。

水箱的压力盖的压力是有规定的，在盖上有压力的标记数字，不可用错。

4.7.3　诊断与排除

1．水温突然升高故障的诊断思路（见图4.15）：

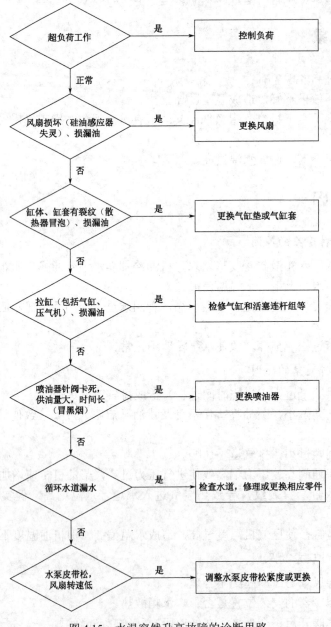

图4.15　水温突然升高故障的诊断思路

2. 新机初用时水温不高，时间长后逐渐变高（属于柴油机工作不良故障），诊断思路如图 4.16 所示。

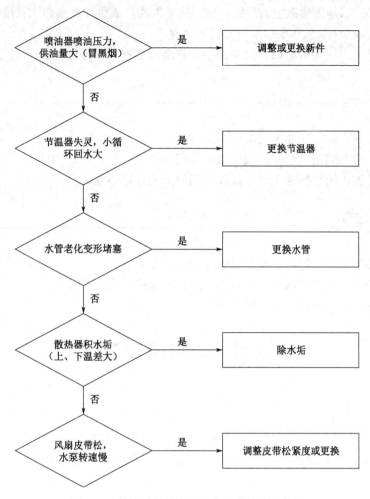

图 4.16　使用时间长水温升高的故障诊断思路

3. 新机初用时水温高（属于原件安装故障）：
（1）气缸盖水道不畅，清理气缸盖水道；
（2）风、水冷循环匹配不合理，按规定装设风、水冷循环系统；
（3）柴油机四周通风差，改善柴油机的通风环境；
（4）水箱、导风罩与风扇匹配不合理，按规定装设风扇；
（5）水箱小，更换水箱。

小结

1. 冷却系的作用是维持柴油机正常的工作温度（85℃～95℃），水温过高或过低都存在故障。

2. 柴油机出水温度的高低，一般都是通过水温表的度数来反映，水温表读数在 98℃

以上，或水箱水开锅，即认为柴油机水温高。

3．冷却系水温过高原因：一是冷却系统的零件损坏（如节温器失灵、水箱积水垢、水泵皮带过松等）；二是供油系统的原因，如喷油嘴供油量或供油提前角大；排气门间隙调整不对；冲缸或拉缸等；三是冷却系统安装不合理。

4．故障排除方法是根据诊断部位调整、修理或更换该部件即可。

实训要求

1．实训要求：排除柴油机温度过高的故障。
2．实训内容：柴油机温度过高的故障诊断与排除。
3．实训目的：懂得排除柴油机温度过高故障的基本方法。

复习思考题

1．冷却循环效果不好，造成温度过高的原因是什么？
2．造成新机初用时水温不高，时间长后逐渐变高的原因是什么？
3．简述水温突然升高的故障排除方法。

4.8 柴油机异响

任务

通过对本节内容的学习，使学生了解柴油机产生异响的 3 种现象，懂得如何根据异响故障的现象分析其产生原因，学会诊断和排除柴油机异响故障的基本思路和方法。

目标

使学生掌握诊断与排除柴油机异响故障的基本操作技能。

知识要点

1．柴油机产生异响故障的现象及原因；
2．柴油机异响故障的诊断与排除方法。

柴油机工作时发出的响声很多，有正常响声（自然响声），也有不正常响声（异响），这种现象很难区别，其响声部位也不容易确定，要能较准确地判断异响的原因和部位，必须做到善于比较（即平时注意倾听正常机子的声音是怎样的，对照有可疑异响的机子进行比较）；善于实践（多动手处理问题）；善于总结，只有这样才能通过异响找到故障的根源。

发现柴油机存在异响故障，必须及时进行诊断，采取有效的维修措施。

4.8.1 现象

柴油机异响现象可归纳为 3 种：

1．突发性异响（即柴油机原无此响声）。

2．自然渐增性异响（异响声由原来无声到小声，后逐渐增大）。

3．人为性异响（安装不当和调整不当造成的响声）。

4.8.2 原因

柴油机发出的异响，主要是由于内部机件磨损松旷、断裂，干涉撞击，或调整不当或使用不当引起。

1．出现突发性异响现象的原因

（1）喷油嘴卡死，异响部位在缸盖上，冷热机同时存在。检查方法一是在喷油嘴试验台上检查；二是在柴油机怠速时用断缸法检查。其做法是：当柴油机怠速运转时，逐一将各缸高压油管接头松脱（断油），松开后，如果异响消失，即为该缸喷油嘴卡死。

（2）冲气缸床，异响部位在缸盖上。

（3）活塞拉缸，在柴油机上出现沉重的撞击声。如果是气缸拉缸，柴油机功率明显下降，特别在怠速时柴油机显得很吃力，甚至排气管出现冒黑烟。

（4）压气机轴出现干磨声。出现此故障时，压气机显得特别热，出现异响，必须及时停机检查处理。

（5）增压器转动时有撞击声。若撞击不严重，变速时容易听到；转速稳定时（因振动小）不容易听到。

2．出现自然渐增性异响的原因

（1）气门密封带因烧蚀和积炭造成密封不严而产生窜气声，异响部位在缸盖处。

（2）主轴瓦或连杆瓦磨损，曲轴的撞击声是很大的，异响部位在油底壳处，离柴油机 10m 以外响声更清楚。如果连杆瓦磨损很严重时，同时出现活塞打气门的声音（此时气门振动很大）。轴瓦磨损，机油压力有所降低，放机油时，油塞上必定有轴瓦合金碎片。

注意：轴瓦烧伤非常危险，一经发现烧瓦异响，必须及时停机检查处理。

（3）活塞销与销孔磨损过大，活塞与缸套拉缸，同样会发出沉重的撞击声，异响部位不易确定，只有拆检才能作出判断。

（4）在齿轮室处，出现很分散的撞击声，在转速变化时，撞击声更明显。

（5）离合器处的响声，异响部位在飞轮壳处。

3．出现人为性异响的原因

（1）由气门间隙造成的异响，异响部位在缸盖上，一般在低速冷机时比较明显，高速热机时不明显。气门间隙过小，出现窜气声，热机时更明显（拿掉空气滤清器或排气总管更清楚）。

（2）带提前器的高压油泵，在柴油机工作时，每个提前器都会有响声，只不过响声大小不同而已，这种现象不属于异响，不影响柴油机正常工作。

（3）共振声，有时柴油机在某一特定转速时，柴油机出现振击声（有时甚至出现连同整车一起振动）。

（4）排气管出现杂乱的气流冲击声，其原因主要是柴油机配气相位发生变化。

4.8.3 诊断与排除

柴油机异响故障的判断：一是根据异响的部位；二是结合异响的现象，并对照上述产生异响的原因就能准确地判断其故障。

柴油机发出异响时，必然会产生一定的振动。根据振动的特点和部位，可以辅助诊断异响的部位和原因。柴油机常见异响所引起的振动部位和区域，如图 4.17 所示，可以分为 4 个区域和 2 个部位。

4 个区域：A—A 区域、B—B 区域、C—C 区域、D—D 区域。

2 个部位：齿轮室部位、飞轮壳部位。

图 4.17　异响振动诊断部位和区域

（1）A—A 区域为缸盖部位。在该区域，可用长柄起子触试或用听诊器听诊安装在缸盖上的运动副异的响声，如气门间隙过大、气门座脱落、气门弹簧折断气门关闭不严、摇臂轴或顶置凸轮轴缺油造成的干摩擦等异响故障。

（2）B—B 区域为气缸中上部位。在该区域，可听到活塞连杆组的异响声，如由于气门弹簧折断造成的气门与活塞打顶，活塞环与气缸磨损配合间隙过大、活塞销与活塞销座、连杆小头衬套松旷造成敲缸等异响故障。

（3）C—C 区域为气缸中下部。在该区域可听到侧置式凸轮轴及其摩擦副的异响声，如凸轮轴颈与轴承间隙过大、顶柱与缸体承孔过度松旷，以及连杆大头与曲轴轴颈过度松旷（烧轴瓦），连杆螺栓松动或折断等异响故障。还可出现曲轴轴承烧坏、曲轴轴向窜动，或曲轴折断等隐蔽性很强的异响故障。

（4）D—D 区域为油底壳和缸体结合部位。在该区域可以听到曲轴轴承发响或曲轴窜动、断裂及机油集滤器支架松断、机油泵异响等故障。

（5）齿轮室部位。在该区域可听到齿轮室各齿轮的异响声。

（6）飞轮壳部位。在该区域可听到离合器的异响声和起动机齿轮与飞轮环齿的碰击声。

柴油机的异响，尤其是突发性异响，对柴油机的安全性至关重要，一旦诊断出异响源，应及时停机排除，该解体检修就解体，绝不能凑合；对自然渐增性异响，也不能等闲视之，不要因小失大。等到异响声大到极限时才处理，就会出大事故；对于人为性异响，一经发现，应即时排除。

小结

1．柴油机产生异响的 3 种现象是：突发性异响、自然渐增性异响、人为性异响。

2．突发性异响主要是由于内部机件磨损、松旷或调整不当，使用不当，突然发生的，如喷油泵突然卡死、冲了气缸垫、活塞拉缸、增压器有异响故障等。

3．自然渐增性异响主要是长期使用后，机件慢慢衰变而出现的，异响声由原来无声到小声，后逐渐听到较大的异响声。

4．人为性异响主要是安装或调整不当造成的，如气门间隙调整不当等。

5．故障诊断可以将柴油机分成 4 个诊断部位，结合异响现象和经验，整机的构造和装配关系，工作原理等知识综合分析。

实训要求

1．实训要求：排除柴油机温度过高的故障

2．实训内容：①气门异响的诊断；②排气管垫漏气异响的诊断。

3．实训目的：①掌握气门异响的现象、特点、部位和排除方法，懂得调整气门间隙操作技能。②掌握排气管垫漏气异响的现象、特点、部位和排除方法。

复习思考题

1．柴油机异响现象有哪些？

2．如何诊断和排除气门异响故障？

3．采用分区诊断法，各区域能诊断哪些故障？

4.9　几种柴油机故障应急处理方法

任务

通过对本节内容的学习，使学生懂得在柴油机出现故障而又无维修条件时，对 7 种常见故障的临时应急处理方法。

目标

使学生掌握 7 种柴油机故障临时应急排除技能。

知识要点

7 种可以临时应急处理的故障。

柴油机在使用过程中，随时会发生各种各样的故障，大部分故障必须把柴油机停下来维修好才能运行，而有些故障在无维修条件（如缺件）而又需要继续短期运行时，对这些故障只要做适当的处理，就可以继续使用，但必须积极创造条件及时维修。

下面 7 种故障是可以临时处理后继续使用的：

1. 单缸（多缸机型）活塞、缸套损坏或烧连杆瓦

出现这种故障，可把该缸的活塞连杆组拆掉，然后把该连杆轴颈的油孔堵死，以免泄漏机油而降低油压。同时把该缸的高压油管拆掉，放松出油阀弹簧的预紧力，并把出油阀接头堵死。但要求必须在中速以下运行，以避免柴油机出现较大的振动。

2. 机油表或机油感应塞不能真实反映油压

遇上这种故障时，可打开气缸盖罩，使柴油机在怠速下运行，只要确认气门摇臂体中部机油口有机油流出来。加速时出来的机油不断增加，就说明该柴油机怠速时最低油压在 0.1MPa 以上，柴油机能继续运行，但必须注意及早处理好机油表或机油感应塞的问题。

3. 高压油管断裂

高压油管断裂，一时又没有配件更换，可以把断裂的油管拆下，把该缸出油阀松掉，并把出油阀接头堵死，或把油引回油箱中去，然后再中速运行。

4. 节温器失灵

由于节温器失灵会影响冷却水温度，此时可以把节温器拆掉，但必须用木条把节温器上的小循环管口堵死，以免循环水短路而造成水温更高。

5. 喷油器喷嘴卡死

喷油器喷嘴打开时卡死，会影响柴油机正常工作并增加耗油量，出现这种情况时，可以采取以下处理方法：第一，如果能找到新喷嘴，自己换上，按"比较法"调试使用。第二，找不到新件可以把该缸喷油泵出油阀松掉，让该缸柱塞不供油即可。

6. 喷油泵上的断油器或空调怠速提升器损坏

由于这两个部件损坏时，会使柴油机无来油或空调不能工作，这时，只须把断油器或空调怠速提升器上的调整螺钉向增加油量方向适当调整即可。

7. 硅油离合器失效

如果柴油机装的是硅油风扇，当硅油离合器失效而影响冷却水温度时，可以通过在硅油离合器壳体上合适的位置钻 4 个螺孔直通前盖板，然后用 M10 螺栓把前盖板与壳体连接起来，做成普通风扇来使用。但必须注意，若由于此改动造成柴油机振动增大，那么柴油机运行时，尽可能把转速降低。

注意：出现上述 7 种故障时，虽然可以进行临时应急处理，但要注意修理好后要中速行驶，同时要及早到修理部门进行处理。

小结

1. 出现单缸（多缸机型）活塞、缸套损坏或烧连杆瓦的应急处理方法，主要是使出现故障的那个气缸不工作。

2. 机油表或机油感应塞不能真实反映油压时，只要确认低压 ≥0.1MPa，仍可以开往修理部门进行修理。

3．高压油管断裂时，可把该缸油管拆下，让其不工作或把高压油引回油箱。

4．节温器失效说明没有大循环，故取下节温器后只可进行大循环，以防止冷却水温升高。

5．喷油器喷嘴卡死，把该缸喷油泵柱塞取掉，即该缸不工作，及时到修理部门修理。

6．出现喷油泵上的断油器或空调怠速提升器损坏，调整螺钉往增加油量方向适当调整即可。

7．硅油离合器失效时，可把它变成普通风扇再使用。

实训要求

1．实训要求：柴油机 7 种故障应急处理。

2．实训内容：7 种柴油机故障。

3．实训目的：掌握 7 种柴油机故障的应急处理办法。

第 5 章

电控柴油机高压共轨系统的构造与原理

5.1 柴油机电控系统概述

目标

1. 了解柴油机电控燃油喷射系统的优点；
2. 了解柴油机电控系统的发展历程。

知识要点

1. 柴油机电控系统的发展历程；
2. 柴油机电控系统的优点。

5.1.1 柴油机电控系统发展历程

20 世纪 70 年代，人们就开始研究用电子控制技术来代替机械控制柴油机，至今已经研究出多种柴油机电子控制技术，这些技术的发展，大致经历了三代。

第一代：位置控制式电控柴油喷射系统。

该系统的主要特点是用电子伺服机构代替机械调速器来控制供油滑套或燃油齿条的位置，使得供油量的调整更为灵敏和精确，其他大部分传统的燃油系统部件依然保留。

第二代：时间控制式电控柴油喷射系统。而时间控制式电控柴油喷射系统又可以分为如下两种系统：

（1）电控单体式喷油器系统

此系统没有高压油管，而是将喷油泵、喷油嘴、电磁阀组合一起，每缸安装一组泵喷嘴，依靠安装在缸体上或缸盖上的凸轮轴摇臂驱动。

（2）电控单体泵系统

在每个单体泵上安装一个电磁阀，电磁阀的开关由 ECU 控制，利用高压油管，将单体泵与喷油器连接，高压燃油顶开喷油器针阀将燃油喷入气缸。

第三代：时间—压力控制式电控柴油喷射系统

该系统又有电控中压共轨喷油系统和电控高压共轨喷油系统之分，目前市场上车用柴油机多以电控高压共轨燃油喷射系统为主。

电控高压共轨燃油喷射系统集中了计算机控制技术、现代传感器检测技术以及先进的喷油器，该系统不仅能够达到较高的喷射压力，实现对喷射压力和喷油量的控制，还能够实现燃油预喷射和后喷射，从而优化喷油特性，降低柴油发动机噪声，减少废气的排放量。

5.1.2 柴油机电控系统的优点

柴油机电控系统与传统机械式燃油喷射系统相比，显示出极大的优越性。两种喷射系统主要特点、优缺点对比见表 5.1。

表 5.1 机械式燃油喷射系统与电控燃油喷射系统的主要特点、优缺点对比

对比项目	常规机械式燃油喷射系统	电控燃油喷射系统
喷油量调节与控制	由驾驶员通过油门踏板及调速器拉动齿条控制，属机械设定，无法兼顾柴油机整个运行工况。目前机械喷油泵虽已考虑了多种补偿和保护措施（增压补偿、真空补偿、怠速与最高转速限制、最大供油量限制等），但瞬态工况仍无法控制，如：加速冒烟，加、减速过程超辅等，均不能很有效地控制。此外，常规机械喷油泵不能自动调节各缸喷油量平衡，特别是怠速或低速时，各缸供油量不均匀性较大，造成整机振动较大；且易造成不完全燃烧引起冒烟。因此，柴油机怠速需要设定较高的转速，造成油耗相应增加	① 驾驶员通过电子油门踏板提供驾驶意图；操纵轻松简便。② 控制器 ECU 根据编程的控制策略来决定整个运行范围内的喷油量；并根据转速、负荷状况变化予以修正。③ 可以有几十种喷油量控制模式，使燃烧更完全，从而降低油耗。减少噪声和排放污染。④ 通过监测燃油温度、冷却水温、进气温度等对各种不同工况的喷油量进行自动控制和修正
喷油提前角调节	常规机械式柴油机的喷油提前角由喷油泵提前器决定，其只随转速而变，无法实现整个运行区独立可调	① 完全由 ECU 自动控制，有很宽的自动调节范围。② 通过监测燃油温度、冷却水温、进气温度等，对不同工况的喷油提前角进行修正。③ 在整个运行范围内可根据转速、负荷状况进行喷油提前角的自动调节和校正
喷油压力调节	常规机械式柴油机的喷油压力随转速和负荷而变，低转速时喷油压力相对较低；另外，喷油压力不能实现理想的变化规律，即无法实现整个运行区独立可调	① 完全由 ECU 自动控制，确保全速全负荷时有充足的喷油压力，并可在工作转速范围内保持高压喷射性能。② 改善低温起动燃油雾化和燃烧性能。③ 在整个运行范围内可根据转速、负荷状况自动选择独立可调的高喷油压力，以获得最佳扭矩特性和最低的排放性能
怠速	常规机械式柴油机的怠速由怠速弹簧控制，一旦设定，就不可改变；也不能适应水温变化和空调等车辆附件功率要求提高怠速运转	可据各种温度、蓄电池电压与空调请求等自动调节怠速转速
其他功能		① 可提供附加控制的功能（如各缸平衡、可变怠速和闭环控制、减速断油、起动控制等）② 与车辆有更多的联系，可提供更多的服务功能（A/T、停缸、排气制动、A/C、P/S、ABS、仪表指示等）。③ 可提高柴油机本身的一致性和可靠性（有故障自诊断功能、跛脚回家模式、自学习功能等）

目前，柴油机电控燃油喷射系应用较多的是电控高压共轨系统，在高压共轨系统中，主要有德国的博世（BOSCH）、日本的电装（DENSO）、美国的德尔福（Delphi），其中又以博世高压共轨系统应用较多，德国博世公司从推出第一代、第二代柴油高压共轨系统后，现在已经发展到第三代高压电控共轨喷射系统；在前两代共轨系统中，主要重视喷油压力的提升：第一代是 135MPa；第二代是 160MPa；而第三代共轨系统的重心转移到系统的技术复杂度和精密度上，其压力暂时保持在 160MPa。第三代共轨系统采用了一个紧凑的快速开关式压电直列喷油器，设计一个压电执行器内置于喷油器轴体上，且非常靠近喷油器喷嘴针阀。

5.2 电控柴油机高压共轨系统的结构、组成与工作原理

目标

1．了解柴油机电控高压共轨系统的组成。
2．掌握柴油机电控高压共轨系统的工作原理。
3．掌握高压油泵的工作过程。

知识要点

1．柴油机电控高压共轨系统的组成。
2．柴油机电控高压共轨系统的工作原理。
3．高压油泵的结构和工作过程。
4．压力控制阀的工作原理。
5．喷油器的结构和工作原理。
6．共轨压力传感器的结构、原理与检测。

电控高压共轨燃油喷射系统，是在高压油泵、压力传感器和 ECU 组成的闭环系统中，将喷射压力的产生和喷射过程彼此分开的供油方式：由高压油泵把高压燃油输送到公共供油管（油轨），通过对公共供油管内的油压实现精确控制，使高压油管压力大小与发动机的转速无关，从而减小柴油机供油压力随发动机转速的变化，轨压保持在一个稳定的状态。

由于市场上柴油机电控高压共轨系统中，BOSCH（博世）公司开发的共轨系统市场占有率相对较高，故本章重点介绍 BOSCH（博世）公司的高压共轨系统相关知识。

5.2.1 电控高压共轨系统结构与组成

电控高压共轨系统组成结构如图 5.1 所示，一般由如下几大系统组成。

（1）低压燃油系统：低压部分主要是为高压部分提供足够的燃油。主要零部件有：油箱、燃油滤清器（包括油水分离器、手动输油泵）、低压输油管、回油管、安装于高压油泵

上的齿轮式吸油泵或叶片式吸油泵等。

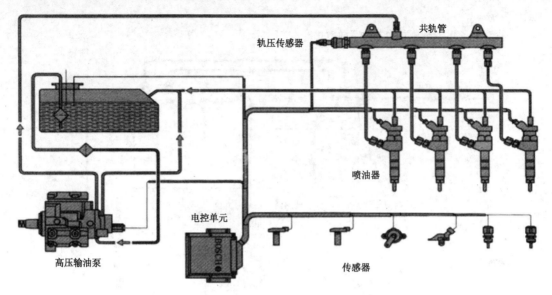

图 5.1　高压共轨系统组成

（2）共轨压力控制系统：包括高压泵、高压油管、共轨压力控制阀（PCV）、共轨、共轨压力传感器、安全泄压阀和流量限制阀，高压供油部分除产生高压燃油外，还进行燃油分配和燃油压力测量。

（3）燃油喷射控制系统：包括带有电磁阀的高压喷油器、凸轮轴位置传感器和带齿缺的曲轴转速传感器。

（4）发动机管理系统：包括发动机的各个传感器、控制单元（ECU）以及电子执行器。

电控系统是发动机管理系统的"神经中枢"，包括传感器、控制单元、执行器。

（1）传感器

传感器的作用是实时采集柴油机、车辆的运行信息并将其传递给控制器 ECU。玉柴电控国Ⅲ系列柴油机配置的传感器包括：曲轴转速传感器、凸轮轴位置传感器、加速踏板位置传感器、进气压力传感器、进气温度传感器、燃油温度传感器、冷却水温度传感器。同时还有空调、排气制动、怠速控制等开关信号。

（2）控制单元

ECU 是电气控制部分的核心，通过接收各种传感器和发动机的各种工况信息，进行计算、分析、判断，根据控制器中存储的发动机控制策略和程序，向执行器（单体泵电磁阀等）发出驱动信号，实现对喷油正时和喷油量的控制。另外它还具有故障自诊断等功能。

（3）执行器

执行器包括喷油器、压力控制阀、排气制动阀、风扇控制等。

5.2.2　电控高压共轨系统的工作原理

在电控高压共轨系统中,通过传感器采集发动机不同工况下的信号,输入给 ECU,ECU经过比较、运算、分析、处理后，得出最佳喷油量和喷油时间，然后向执行器发出指令，控制喷油器上电磁阀的开启和关闭，从而精确控制喷油时刻和喷油量，使发动机达到最佳工作状态。

带博世 CP2 高压泵的共轨系统如图 5.2 所示。

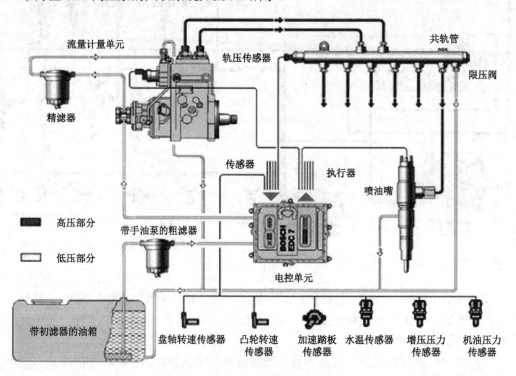

图 5.2　带博世 CP2 高压泵的共轨系统

1. 燃油粗滤器和精滤器

柴油发动机上燃油滤清器分为粗滤器和精滤器（见图 5.3）。

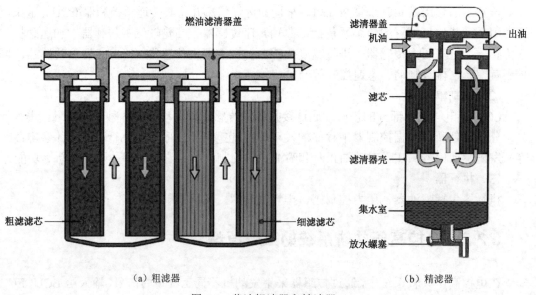

（a）粗滤器　　　　　　　　　　　　　（b）精滤器

图 5.3　柴油粗滤器和精滤器

带手动油泵和油水分离器的燃油粗滤器可以滤去燃油中的污染物、杂质、颗粒物和水分，并可对分离出来的水量进行监控。手动输油泵是向燃油滤清器内提供燃油的设备，也是保证发动机首次起动必须使用的设备。当发动机燃油耗尽后，进行油水分离器内的排水工作，更换燃油滤清器后，重新起动发动机前要先按压手动输油泵直到按不动为止。燃油精滤器安装在粗滤器与高压泵柱塞之间，对进入高压泵柱塞前的燃油进一步过滤。电控共轨系统对燃油滤清的分离效率、流量和水分分离能力有特殊的要求，燃油粗滤器的滤水能力要达到 93%，燃油精滤器的滤清能力要达到 5μm 的颗粒滤清效率为 95%。

燃油粗滤器的结构如图 5.4 所示。水量传感器是燃油滤清器标配元件，用来探测燃油滤清器中燃油过滤下来的水分情况。根据传感器反馈的信息，ECU 使仪表上警告灯适时点亮，并通过降低发动机转速及输出扭矩，来对发动机共轨燃油系统采取保护。此时，应放出燃油滤清器上的水分。

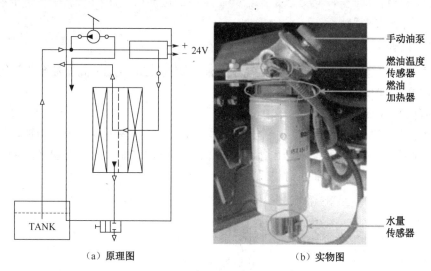

（a）原理图　　　　　　　（b）实物图

图 5.4　粗滤器原理图和实物图

有的粗滤器上还带燃油加热器和燃油温度传感器。ECU 根据燃油温度传感器提供的信息决定是否控制燃油加热器继电器打开对燃油进行加热。燃油加热器是一个电阻式加热器；燃油温度传感器和普通温度传感器的特性基本相同，检测时可参考水温传感器或进气温度传感器的检测方法。

2. **低压输油泵**

高压泵内一般安装有齿轮泵式吸油泵或叶片式吸油泵，由高压泵的轴驱动，把油从油箱中抽出并输送到高压泵。

输油泵出现故障时无法给高压泵提供足够的燃油，这会造成高压过低使发动机无法正常工作或无法成功起动。齿轮泵如果损坏则直接更换。首次起动前或当油箱被抽干时需为其加注燃油。

吸入负压、输出油压和回油流量是齿轮输出性能的相关参数，由于齿轮泵与高压泵集成在一起，无法测量输出压力；而回油流量与发动机其他参数有关（如喷油器工作性能、发动机转速、高压泵性能等），所以吸入压力就成了测量齿轮泵最常用的方法。齿轮泵的吸入压力为-70～-30kPa（即 0.3～0.7bar），齿轮式输油泵结构如图 5.5 所示。

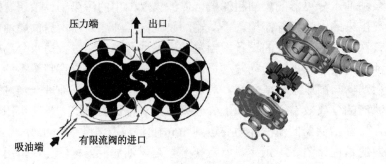

图 5.5　齿轮式输油泵结构

长时间不起动的柴油机、维修更换过低压油路零部件的低压油路，初次起动时要对低压油路中的空气进行排空，其方法是：松开高压泵的进油口，压动手泵直到高压泵的进油口有燃油流出至无气泡状态。

3. 高压油泵

高压油泵的作用是向共轨系轨提供高压燃油。博世（BOSCH）高压油泵常用的有 3 种型号，分别是：CP1、CP2、CP3。

（1）博世 CP1 高压油泵

CP1 内部结构如图 5.6 所示，一个高压油泵上有 3 套柱塞组合，由驱动轴带动的偏心轮驱动，3 个柱塞在圆周角上相位相差 120°。偏心轮驱动平面和柱塞垫块之间为面接触，这有利于产生压力更高的燃油喷射。

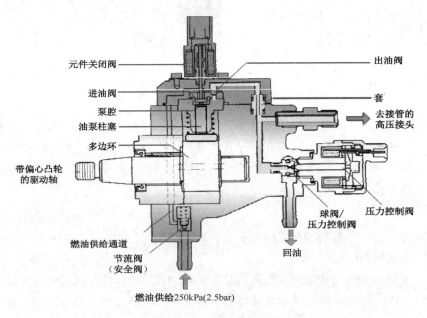

图 5.6　高压油泵结构

高压油泵的工作原理如图 5.7 所示，当供油油压超过安全阀的开启压力（0.5～1.5bar）时，燃油进入进油阀，当柱塞往下运动时，由于柱塞腔内产生吸力，进油阀打开，燃油经进油阀进入柱塞压缩腔；当柱塞向上运动时，由于柱塞腔不再吸油，进油阀关闭，燃油建立起高压；当柱塞腔的压力高于共轨中燃油的压力时，出油阀打开，高压燃油在压力控制阀（PCV）的控制下进入共轨管内。

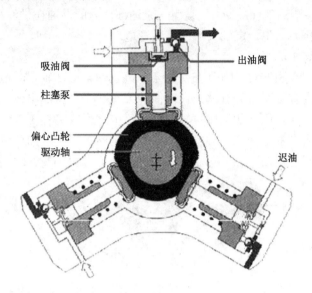

图 5.7　高压油泵原理

驱动油泵上升的动力与共轨中设定的压力和油泵的转速（输油量）成正比，博世第一代共轨系统设定压力为 135MPa，而第二代共轨系统设定压力为 160MPa. 在高压泵内燃油由 3 个径向排列的活塞压缩，每个循环进行 3 次输送冲程，由于每次旋转都产生 3 次压送冲程，只产生低峰值驱动力矩，因此泵驱动装置的受力保持均匀。高压泵将燃油压缩至一个最高由系统设定的压力，最终压力即系统压力是由 PCV 来调节。

CP1 的外形如图 5.8 所示，其特点是有一个第三柱塞关闭电磁阀和调节共轨压力的压力控制阀，压力控制阀是常开电磁阀，调节输送的燃油压力，调节范围为 25～135MPa，即 CP1 向供油系统提供最高为 135MPa 的燃油压力。

图 5.8　博世 CP1 油泵外形

CP1 高压泵是为大供油量而设计，在怠速和部分载荷的工况下，过量高压燃油经压力控制阀流回油箱。压缩燃油在油箱中释放压力。由于能量是消耗在第一次压缩燃油的过程中，这个过程不仅不必对燃油加热，整体的效率也下降了。从某种程度上讲，这种效率损失可以由关闭一个泵油部件来补偿。当关闭电磁阀的元件被触发时，一个与它连接的销轴持续使进油阀打开，该泵油部件被断开，被引入泵油部件内的燃油在供油行程不能被压缩，由于在部件腔内没有压力产生，燃油又流回低压管道。

（2）博世 CP2.2 高压油泵

博世 CP2.2 高压油泵外形结构如图 5.9 所示，高压油泵由曲轴正时齿轮通过齿轮传动带动凸轮轴旋转，泵内有 2 个直列柱塞泵，因而油泵有 2 个高压油出口。驱动直列柱塞泵的凸轮轴凸轮有 3 个凸起，因此驱动轴每转一圈，每个直列柱塞有 3 次泵油动作。这种形式的高压油泵上集成了燃油输油泵，并安装了燃油计量阀（用于进油调节），ECU 通过占空比信号对燃油计量阀进行控制，实现对共轨压力的调节。博世 CP2.2 油泵采用机油润滑。

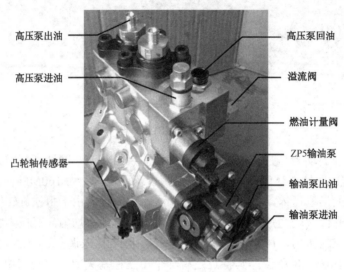

图 5.9　博世 CP2.2 油泵外形结构

（3）博世 CP3.3 高压油泵

博世 CP3.3 高压油泵外形接口及内部结构如图 5.10 所示，其泵油原理与 CP1 相同，在高压泵内燃油由 3 个径向排列在 3 个柱塞上圆周角相位相差 120°的活塞压缩。对于 CP3.3 高压油泵而言，通过一个燃油计量比例阀控制进入高压油泵的燃油量，从而控制高压油泵的供油量，以便满足共轨压力的要求。此种设计方案能有效地降低动力消耗，同时避免对燃油进行不必要的加热。

博世 CP3.3 适用于中型商用车，采用燃油润滑，系统压力高达 1600～1800bar，可满足国Ⅲ、国Ⅳ以及国Ⅴ排放标准。

4. 压力控制阀（PCV）

高压油泵柱塞工作时产生的油压，在无调节的情况下是随着发动机转速的变化而变化的，为使共轨系统有一个稳定的喷射压力，那就需要一个调节机构调节共轨的压力。在博世 CP1 类型的高压油泵中，共轨压力的调节是在压力控制阀的作用下完成的。

（1）共轨压力调节阀的安装位置

燃油压力调节阀可以根据需要，安装在共轨上或高压油泵上。

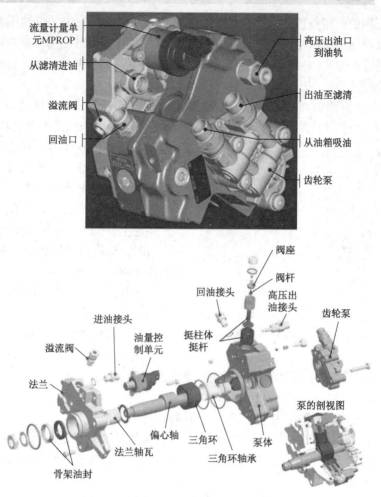

图 5.10　博世 CP3.3 油泵外形及内部结构

① 安装在共轨上的压力控制阀。

安装在共轨上的压力控制阀，这种调节方式也称高压端压力调节，如图 5.11 所示。

图 5.11　D4EA 柴油机共轨压力调节阀安装在共轨上

这种调压阀的作用是根据发动机的负荷状况调整和保持共轨中的燃油压力。

高压油泵产生的高压油送至共轨后，ECU 根据相关传感器的信号，确定高压共轨内的燃油压力，通过占空比信号（PWM）调节燃油压力调节阀控制共轨压力，将多余的燃油卸掉，回流到油箱。

BOSCH 共轨系统中 PCV 的结构如图 5.12 所示，球阀是高压共轨燃油与低压回油的分界点，球阀的一侧是来自共轨燃油的压力，

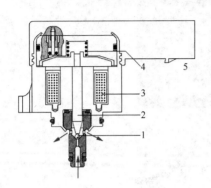

另一侧是受弹簧预紧力和电磁阀电磁力作用的衔铁。电磁阀产生电磁力的大小与电磁阀线圈中的电流大小有关，当电磁阀无电流通过时，弹簧预紧力使球阀紧压在密封座面上。当共轨腔中的燃油压力超过一定值时，球阀打开，燃油从 PCV 处回流到低压回路。在 PCV 通电后，电磁阀立刻向衔铁施加电磁力，球阀受到弹簧预紧力和电磁阀电磁力作用，衔铁作用在球阀上的力决定了共轨中的燃油压力。

1—球阀；2—衔铁销；3—电磁线圈；4—弹簧；5—电器接头

图 5.12　共轨压力调节阀（常闭式、高压调节）

该种共轨压力的调节方式，会造成部分燃油的不必要压缩，发动机的功率耗损，燃油温度的升高。这种共轨压力的调节方式在我国生产的国Ⅲ柴油机已很少采用。

② 安装在高压泵上的压力控制阀（进油端压力调节）。

安装在高压油泵上的燃油压力控制阀，一般称为燃油计量（比例）电磁阀，阀安装位置如图 5.13 所示，这种采用的是对进油端压力进行调节，避免了燃油的不必要压缩，因此，目前得到广泛的采用。

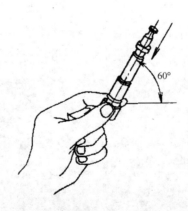

图 5.13　进油端燃油压力调节

BOSCH 共轨系统某四缸机的燃油管路布置及燃油计量电磁阀如图 5.14 所示。

燃油计量电磁阀的控制原理是：通过控制进入柱塞的燃油量，从而控制共轨管压力，输油泵送来的低压油，经过计量，送到高压油泵的柱塞，产生高压，再送至共轨。如图 5.15 所示，燃油计量电磁阀主要由电磁线圈、磁芯、弹簧、柱塞等元件组成。

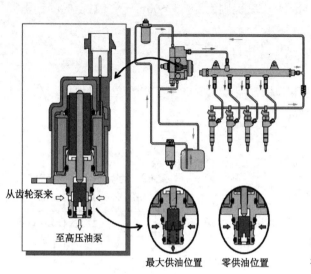

从齿轮泵来
至高压油泵
最大供油位置
零供油位置

图 5.14　博世共轨系统的燃油计量电磁阀

1
2
3
4
5
6
7
8
9
10
9
11
12
9
A
B

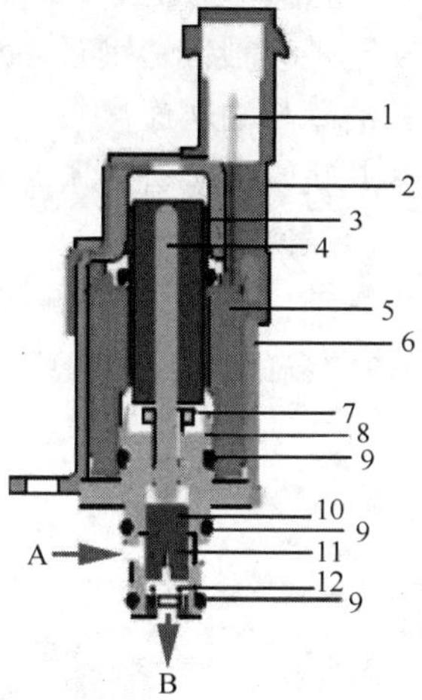

1—插座；2—电磁阀壳体；3—轴承；4—带挺杆的枢轴；5—带壳体的线圈；6—外壳；7—剩余气隙垫片；8—磁芯；9—O 形圈；10—柱塞；11—弹簧（内部）；12—安全元件

图 5.15　燃油计量电磁阀内部结构图

燃油计量电磁阀的控制方式是：ECU 根据其他传感器送来的信号，经计算后向燃油计量电磁阀输出控制信号（电脉冲），通过改变脉冲宽度调制（PWM）信号来改变柱塞的提升高度，进而改变高压油泵进油截面积，达到增大或减小油量，控制共轨管内的燃油压力。

燃油计量电磁阀有常开型、常闭型两种，检修时应注意，实际中，常开型应用较多。一般情况下，维修手册上会提供阀的参数。

对于常开型，计量比例阀在控制线圈没有通电时，进油计量比例阀是全开，提供最大流量的燃油进入高压油泵，在共轨管内产生最大的燃油压力。如玉柴发动机某高压油泵上的燃油比例电磁阀，供油特性如图 5.16 所示，其参数如下：

- PWM 信号频率:（165～195Hz）;
- 线圈电阻：2.6～3.15Ω 欧姆;
- 最大电流：1.8A;
- 集成在高压油泵上，不允许拆卸;
- 缺省状态：全开（limp home）。

Q(L/h)
最大供油量
零供油量
I(A)

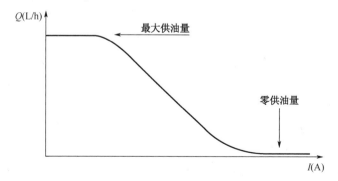

图 5.16　燃油比例电磁阀供油特性

5. 共轨管（高压蓄压器）

共轨管是一根锻造钢管，内径为 10mm，长度范围为 280～600mm，各缸上的喷油器通过各自的油管与油轨连接。

有些共轨管内装有限压阀、流量限制阀，如图 5.17 所示。

（1）限压阀

限压阀结构如图 5.18 所示，主要由下列构件组成:外壳（有外螺纹，以便拧装在共轨上）、通往油箱的回油管接头及活塞和弹簧。

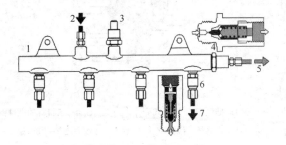

1—油轨；2—高压泵进油端；3—油轨压力传感器；4—限压阀；

5—出油口；6—流量限制阀；7—喷油器端连接油管

图 5.17　共轨管

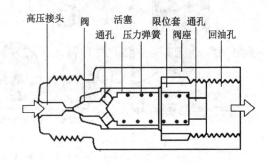

图 5.18　限压阀结构

限压阀的作用相当于安全阀，它的基本作用是限制共轨中的压力。当共轨中燃油压力过高时，打开放油孔卸压。共轨内允许的最高压力值与设定值有关。

外壳在通往共轨的连接端有一个小孔，一般工况下，此孔被外壳内部密封面上的锥形活塞头部关闭。在正常的工作压力下，弹簧将活塞紧压在座面上。此时，共轨呈关闭状态。当共轨中的燃油压力超过规定的最大压力时，活塞在高压燃油压力的作用下压缩弹簧，高压燃油从共轨中流出。燃油经过通道流入活塞中央的孔，然后经集油管流回油箱。随着阀的开启，燃油从共轨中流出，共轨中的压力降低。

（2）流量限制阀

流量限制阀的作用是当油轨输出的油量超过规定值时，流量限制阀关闭通往喷油器的油路。流量限制阀的结构如图 5.19 所示，正常工作时活塞处于自由位置，即活塞靠在流量限制阀的共轨端。燃油喷射时，喷油器端的喷油压力下降，导致柱塞向喷油器方向移动，流量限制阀通过柱塞移动而产生的排油量用来补偿喷油器从油轨中获得的油量。在喷油过程结束时，处于居中位置的活塞并未及时关闭出油口。弹簧使它回到自由位置，燃油从节流孔内流出。弹簧压力和节流孔都经过计算，无论燃油大量泄漏还是少量泄漏，柱塞都会回到油轨侧的限位件上，阻止燃油进入喷油器。

6. 喷油器

电控喷油器是高压共轨系统中最关键和最复杂的部件，也是设计、工艺难度最大的部件。喷油器的作用是 ECU 通过控制电磁阀的开启和关闭，将高压油轨中的燃油以最佳的喷油时刻、喷油量喷入燃烧室。

BOSCH 共轨系统采用的有不带高压过渡管的整体式喷油器和带高压过渡管的喷油器。带过渡管的喷油器则是通过过渡管连接喷油器和高压油管。

整体式又以电磁式的喷油器使用较多，它由高压油管直接供油；下面介绍电磁式喷油器工作原理。

（1）整体式电磁喷油器

整体式电磁喷油器的主要零件有：喷油嘴、针阀、电磁阀、控制活塞和球阀等，如图 5.20 所示。

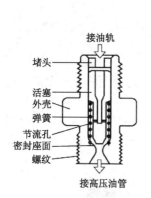

图 5.19　流量限制阀

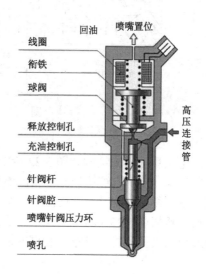

图 5.20　喷油器剖面图

电磁喷油器的工作过程分为三个阶段：喷油预备期、喷油开启、喷油结束。

喷油预备期：喷油器电磁阀没有通电，喷油器关闭，泄油孔也关闭。阀的弹簧使电枢的球阀压向泄油孔座上，这样在阀控制腔内建立共轨高压，同时在喷油嘴的承压腔内也建立共轨高压。作用于控制柱塞末端面的共轨压力和喷嘴弹簧的压力与高压燃油作用在针阀锥形面上的开启压力相平衡，喷油嘴保持在关闭位置。

喷油开启：当喷油器的电磁阀通电，产生的电磁力超过作用在阀上的弹簧力，泄油孔打开，燃油从阀控制室流到上方的空腔中，经回油管流回油箱。泄油孔泄油破坏了绝对压力平衡，最终在阀控制腔内的压力下降，由于阀控制腔的压力减少，导致作用在控制柱塞上的力减少，最终喷油器针阀被打开，开始喷油。

喷油结束：一旦电磁阀断电，阀弹簧使电枢轴向下运动，球阀将关闭泄油孔。泄油孔关闭后，燃油经进油孔进入控制腔建立压力，该压力为共轨压力，该压力作用在控制柱塞端面上的力增加，这个力加上弹簧力大于油嘴内承压腔燃油的压力，针阀关闭。针阀关闭的速度取决于进油孔的流量。

（2）压电式喷油器

博世 2005 年推出的第三代共轨系统的改进型采用了压电陶瓷执行器，开关时间比电磁阀少 50%。该系统的喷射压力为 160MPa，喷油器响应时间为 0.lms，每次循环可实现 5 次喷射。下面介绍压电式喷油器的工作原理。

压电陶瓷在通电的情况下，其晶粒会产生极性重组，这使得晶体的长度会产生变换，极化过程如图 5.21 所示。

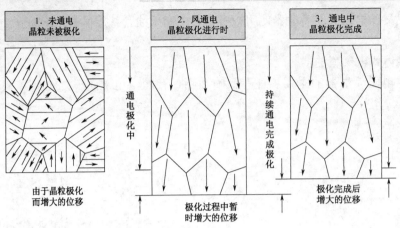

图 5.21　压电陶瓷的极化过程

① 结构图

压电式喷油器的结构如图 5.22 所示。其内部有一个液力放大器，放大器内有直径不同的粗细活塞，还有一液压油腔（绿色部分），由于液压油的体积一定，粗活塞向下移动会导致细活塞不得不向下移动，且移动的位移远大于粗活塞移动的位移，从而实现位移的放大。液压放大器如图 5.23（a）所示。由于绿色阀腔内的液压油或多或少存在泄漏，因此有必要对阀腔内的液压油进行补给，如图 5.23（b）所示。

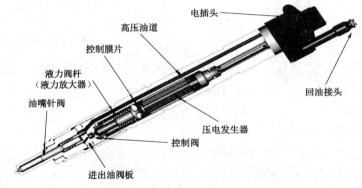

图 5.22　压电式喷油器结构

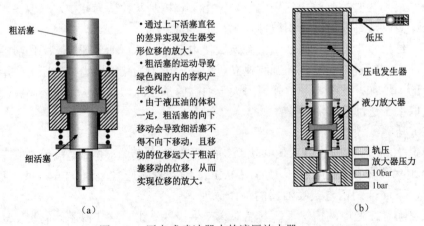

（a）　　　　　　　　　　　　　　　　（b）

图 5.23　压电式喷油器内的液压放大器

② 控制阀的工作原理

压电发生器的位移变化在液力放大器的推动下使得旁通阀开启与关闭，从而实现油嘴针阀的关闭与抬起，最终实现喷油器定时喷射，如图 5.24 所示。

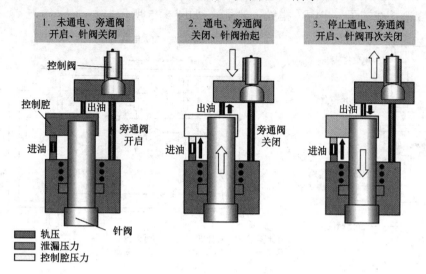

图 5.24　压电式传感器控制阀原理

（3）关于喷油器的补偿码

很多喷油器都有一串数字和字母组成的补偿码（或叫修正码、QR 码、IMA 码等）。ECU 按照这个补偿码给在不同工况下工作的喷油器一个偏移量信号，用来提高各个工况下喷油器的校正精度。QR 码包含喷油器中的校正数据，它被写入发动机控制器中。QR 码致使燃油喷射量校正点的数目大大增加，从而极大地改善了喷射量精度。

补偿码其实质就是用软件的方法修正硬件制造中的误差。机械制造中不可避免地存在加工的误差，导致成品喷油器各个工作点的喷油量有误差。如果用机加工的方法修正误差，必然造成成本的增加和产量的下降。QR 码技术就是利用欧Ⅲ电控技术固有天然的优势，用 QR 码写入 ECU 中达到修正喷油器各个工作点的喷油脉冲宽度，最终达到发动机全部的喷油参数一致。保证了发动机各气缸工作的一致性和排放的降低。

在欧Ⅲ以上的电控柴油发动机的维修过程中，必须正视 QR 码的修正问题。更换新的喷油器时，必须使用专业设备写入 QR 码，一旦将喷油器修正码输入控制器，则控制器和发动机必须配对。

7. 共轨压力传感器

电控高压共轨柴油机中的很多传感器，如冷却液温度传感器、曲轴、凸轮轴位置传感器、增压压力（进气压力）传感器、油门踏板位置传感器、爆震传感器等，它们的工作原理和电控汽油机的传感器工作原理类似，故本章不再分析。本章只分析电控柴油机系统一些特有的传感器，如共轨压力传感器。

共轨压力传感器安装在共轨上，它的作用是实时测定共轨管中的实际压力信号并反馈给 ECU，由 ECU 对燃油计量阀实施反馈控制，通过对供油量的增减来调节油压稳定在目标值。

通过设置共轨压力传感器，可以实现对燃油压力的闭环控制。ECU 根据发动机当前工况下相关传感器输入的信号，计算出的理论所需要的轨压，通过调节进油计量比例阀的开度来实现轨压控制，并依靠共轨压力传感器检测当前实际轨压，将其与理论轨压进行对比修正，实现闭环控制。

BOSCH、DELPHI、DENSO 共轨系统的共轨压力传感器工作原理基本相同，为压敏电阻式，有 3 个接线端子（电源、搭铁、信号），如图 5.25 所示。

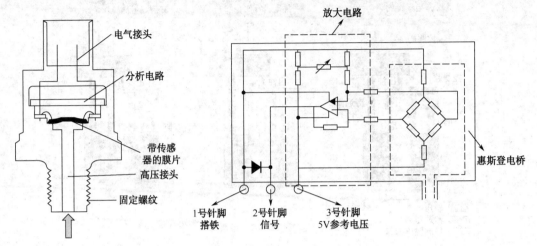

图 5.25　共轨压力传感器结构、内部电路原理图

共轨压力传感器的工作过程：当膜片形状变化时，连接于膜片的电阻值也将改变。系统压力的建立，导致膜片形状变化，改变的电阻值将引起通过 5V 电桥的电压变化。电压变化范围为 0～70mV（依赖于应用压力），并且被放大电路增幅至 0.5～4.5V。

5.3　故障自诊断系统

目标

通过本节的学习，使学生了解电控系统的故障自诊断系统的工作原理，掌握故障代码读取方法并能根据故障代码查找故障部位的操作技能。

知识要点

故障代码的读取方法和故障代码的含义。

故障自诊断系统实时监测发动机的运行工况，当电子控制系统出故障时它以故障代码的形式记录系统的故障信息，同时点亮仪表板上的故障指示灯告知驾驶员，此时驾驶员应尽快将车辆开到维修站维修。维修时，维修人员通过一定的操作程序将系统中存储的故障信息调取出来从而便于维修人员有针对性地进行维修作业，提高工作效率。

1. 故障指示灯的位置
发动机故障指示灯位于驾驶室仪表盘上。

2. 故障代码读取方法及故障代码含义
在无故障的情况下，故障指示应该为暗亮，在发动机发生故障时为强亮。

故障代码读取方法有两种：

① 使用专用的故障诊断仪读取。

② 通过故障指示灯读取。具体操作：首先把点火开关置于 ON 挡，然后把怠速功能开关置于 ON 挡，即可进入故障诊断模式，此时故障指示灯将会以一定的闪烁规律将当前存在存储器中的故障代码闪烁出来，供维修人员识别读取。

故障代码的闪烁规律为：故障代码由四位 16 进制数字组成，故障代码的输出首先是把故障代码的每一位都转化为二进制码，然后一位一位地闪烁输出。如图 5.56 所示的故障代码为 0113。

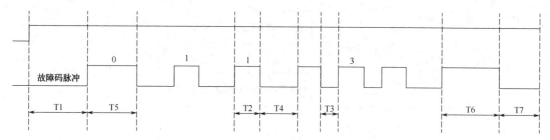

图 5.26　故障代码显示示意图

故障代码各个时间段的定义表见表 5.2。

表 5.2　故障代码各个时间段的定义

T1	进入诊断模式到故障码开始闪烁的延迟时间=3000ms
T2	每个二进制码高电平的保持时间=500ms
T3	每个二进制码低电平的保持时间=500ms
T4	故障码中位与位之间的间隔时间=1500ms
T5	故障码中"0"值的高电平保持时间=3000ms
T6	一个故障闪烁结束后保持高电平的时间延迟=0ms
T7	一个故障闪烁结束后保持低电平的时间延迟=5000ms

3．读取故障码的操作流程（图 5.27）

在进入故障模式后，故障指示灯会自动连续地闪烁来输出故障代码，直到把所有当前的故障码都输出完毕为止。当所有的故障代码都输出一遍之后，如果要再一次读取，可关掉怠速功能开关，然后再打开即可。

4．故障码的清除

当需要清除 ECU 存储器中的故障码时，可用专用仪器清除，也可采用将保险盒中 ECU 的保险拆下或拆除电瓶负极使 ECU 断电 10s 以上的方法清除。但需要注意的是，当采用拆除电瓶负极的方法清除故障码时，诸如时钟、音响等附加用电器也会丢失其所存储信息。

5．故障指示灯变亮后的处理

在驾驶的过程中发现故障指示灯变亮，在条件允许的情况下，改变一下油门开度使柴油机缓慢地加速和减速，如果驾驶感觉与正常情况下的感觉差别不大，那么说明引起故障灯闪亮的故障不属于严重故障，驾驶员可以根据情况决定是否立即维修，但时间不要拖太久，以免故障程度进一步加重；如果在做柴油机加速和减速的测试中，发现转速过渡不平顺、变化速率比平时慢甚至油门不受控制，首先把车辆靠边停下，然后关闭点火开关，下车仔细观察柴油机的油路、气路和电路，看看是否有明显的漏油、漏气和线束的接插件脱落的现象。如果明显存在以上现象，可以把这些管路重新上紧和插上脱落的线束接插件，最后关闭柴油机仓，重新起动柴油机，原地测试怠速和加、减速，如果问题依然存在，请及时到专业维修站进行维修。

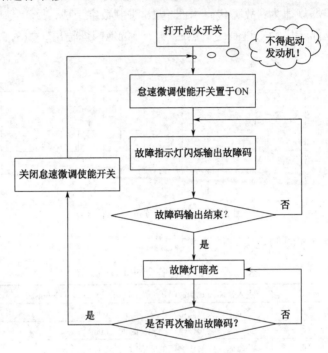

图 5.27　故障码读取流程

　　如果没有发现明显的故障，请不要自行拔插和拆卸有关部件，应该立即把车辆开到维修站进行专业维修。

　　注意：电控柴油机的故障并不一定是电子或电路的问题，在大多数情况下，故障仍然是与常规柴油机相同的机械和燃油管路方面的故障，此时故障指示灯不会点亮，操作者可根据自身的经验进行处理。但当故障指示灯强亮时，一般表示出现了电子或电气方面的故障。此时操作者如非经过专门培训的维修人员，不要擅自维修，而要尽快到玉柴特约维修站进行维修。

5.4　电控柴油机的故障诊断与排除

学习目标

通过学习，使学生掌握电控柴油机的故障的诊断思路和排除方法。

知识要点

1. 故障诊断思路；

2．故障诊断与排除的原则；

3．常见故障的排除方法。

柴油机在工作时，由于零件的磨损、变形、使用和技术保养不当等原因，各部分的技术状态逐渐恶化，当某些技术指标超出允许限度时，就表明柴油机已有了故障。当柴油机出现故障时，如不及时予以排除，则可能使柴油机不能正常工作，不仅动力性及经济性下降，适用操作性能变坏，还会引起零件早期磨损，甚至导致事故性损坏。

柴油机有些故障，如燃油系统中存有气体、燃油滤清器堵塞、传动皮带过松等，进行必要的保养和调整后，故障即可消除。有些故障，由于机构存在缺陷，用一般保养、调整方法不能排，除如气缸垫损坏、活塞环严重磨损、气门锥面磨损、轴瓦过度磨损等，这些故障，必须对柴油机进行拆卸修理或更换零件才能排除。电控柴油机电控系统部分的故障，要通过故障诊断仪的诊断，对相应部分进行处理后才能排除。

1．故障诊断、排除原则

（1）柴油机的故障常常是由于操作不当或是缺乏保养造成的。当出现故障时，应首先检查是否严格执行操作和维护、保养规定。

（2）柴油机出现故障时应进行故障原因分析。

① 询问使用者与维修人员了解该机的使用保养及维修过程（包括换件）情况，初步判断故障属自然故障还是人为故障。

② 对柴油机现场实地进行以下几个方面的观察：

a．观察柴油机"三漏"情况，以确定"三漏"形式（紧固力矩不足、密封垫或机件损坏）。

b．倾听异响模式及其部位，以确定故障根源。

c．观察排放烟色，以便分析故障原因。

d．检查柴油机转速变化情况，可觉察柴油机性能好与坏，有利于故障的判断。

（3）丰富的国Ⅱ柴油机维修知识和经验对国Ⅲ柴油机的维修非常重要，出现机械类故障时按欧Ⅱ机的维修方法就可以修复。

（4）电控系统出现故障后故障指示灯会点亮（威特系统一般故障为慢闪烁），对于德尔福共轨、博世共轨、南岳系统（威特系统为严重故障快闪烁），出现严重故障后故障灯会闪烁。电控系统故障需要通过读故障闪码或借助故障诊断仪来检测电控元件的故障。

（5）故障诊断仪只能检测到电控元件出的故障，并不能直接检测到机械故障，可通过相关参数变化来推断大致故障部位（电喷系统自诊断功能不仅能够诊断出电喷系统故障，同时可以判断出一些机械系统故障，例如转速信号盘的加工错误、正时系统安装错误等）。

（6）只有通过电控系统专业知识培训的维修及服务人员才能从事电控柴油机的故障诊断及维修。

（7）通过拆解检测，确定其故障原因。

2．故障诊断、排除注意事项

（1）没有接通蓄电池不要起动柴油机。

（2）柴油机运行时不要从车内电路拆卸蓄电池。

（3）蓄电池的极性和控制单元的极性不能接反。

（4）给车辆蓄电池充电时，需拆下蓄电池。

（5）电控线路的各种接插件只能在断电状态（点火开关关）进行拔插。

3. 故障诊断思路

故障诊断流程思路如图 5.28 所示。

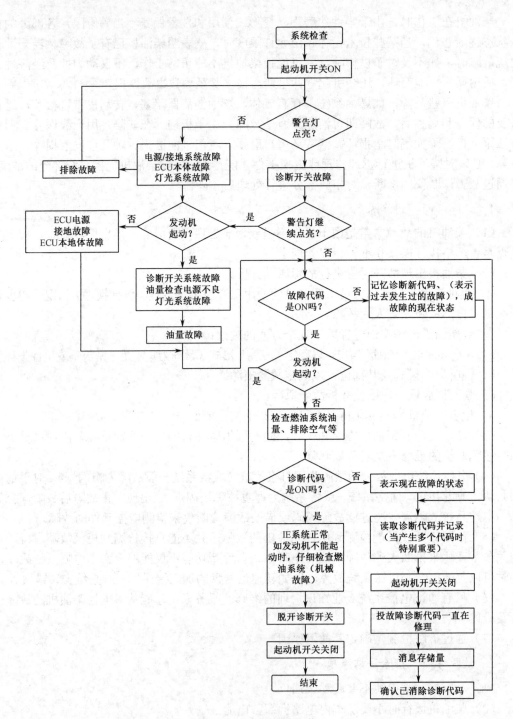

图 5.28 故障诊断思路

4. 玉柴几种电控柴油机电控系统常见故障及排除方法

（1）BOSCH 高压共轨电控系统柴油机常见故障及排除方法。

① 柴油机侧常见故障及排除方法。

故障现象	故障可能原因及常见表现	维修建议
柴油机无法起动、难以起动、运行熄火	电喷系统无法上电：通电自检时故障指示灯不亮；诊断仪无法连通；油门接插件没有 5V 参考电压；开钥匙时故障灯是否会自检（亮 2s）	检查电喷系统线束及熔断器，特别是点火开关方面（包括熔断器，改装车还应看点火钥匙那条线是不是接在钥匙开关 2 挡上）
	蓄电池电压不足：万用表或诊断仪显示电压偏低；专用工具测电瓶在起动的时候的电压降；起动机运转无力；大灯昏暗；起动电动机时，电动机声音是否运转有力	更换蓄电池或充电，同其他车并电瓶
	无法建立工作时序：诊断仪显示同步信号故障；示波器显示曲轴/凸轮轴工作相位错误；诊断仪显示凸轮信号丢失；诊断仪显示曲轴信号丢失	检查曲轴/凸轮轴信号传感器是否完好无损；检查其接插件和导线是否完好无损；检查曲轴信号盘是否损坏/脏污附着（通过传感器信号孔）；检查凸轮信号盘是否损坏/脏污附着（通过传感器信号孔）；如果维修时进行过信号盘等组件的拆装，检查相位是否正确
	预热不足：高寒工况下，没有等到冷起动指示灯熄灭就起动；万用表或诊断仪显示预热过程蓄电池电压变动不正常	检查预热线路是否接线良好；检查预热隔栅电阻水平是否正常；检查蓄电池电容量是否足够
	ECU 软/硬件或高压系统故障：监视狗故障；A/D 模数转换错误；多缸停喷；ECU 计时处理单元错误；点火开关信号丢失；轨压超高泄压阀不能开启；EEPROM 错误； 油轨压力持续超高（如轨压持续 2s 超过 160MPa）	故障确认后，更换 ECU 或通知电控专业人员
	喷油器不喷油：怠速抖动较大；高压油管无脉动；诊断仪显示怠速油量增高；诊断仪显示喷油驱动线路故障	检查喷油驱动线路（含接插件）是否损坏、开路、短路；检查高压油管是否泄漏；检查喷油器是否损坏、积炭

故 障 现 象	故障可能原因及常见表现	维 修 建 议
柴油机无法起动、难以起动、运行熄火	高压泵供油能力不足：诊断仪显示轨压偏小	检查高压油泵是否能够提供足够的油轨压力；检查柴油计量阀是否损坏
	轨压难以建立：高压连接管与喷油器连接处密封不严，泄漏严重等	检查高压连接管与喷油器连接处密封面压痕是否规则
	轨压持续超高：诊断仪显示轨压持续2s高于160Mpa；轨压传感器损坏，艰难起动后存在敲缸、冒白烟等现象	检查柴油计量阀是否损坏；柴油压力泄放阀是否卡滞
	机械组件等其他故障：活塞环过度磨损；气门漏气；供油系统内有空气；供油管路堵塞；燃油滤清器堵塞；柴油中水分太多，排烟呈灰白色；油箱缺油	更换活塞环；检查气门间隙，气门弹簧，调整更换，检查气门导管及气门座密封性；排除油路空气；检查供油管路是否畅通；检查更换燃油滤清器的滤芯；更换正规加油站的柴油；检查油箱是否有足够柴油，柴油不足的情况，请立刻加油
跛行回家模式（故障指示灯亮）	仅靠曲轴信号运行：诊断仪显示凸轮信号丢失；对起动时间的影响不明显	检查凸轮传感器信号线路；检查凸轮传感器是否损坏；检查凸轮信号盘是否有损坏或脏物附着
	仅靠凸轮信号运行：诊断仪显示曲轴信号丢失；起动时间较长（如4s左右），或者难以起动	检查曲轴传感器信号线路；检查曲轴传感器是否损坏；检查曲轴信号盘是否有损坏或脏物附着
油门失效，且柴油机无怠速（转速维持在1100 r/min左右）	油门故障：怠速升高至1100r/min，油门失效；诊断仪显示第一/二路油门信号故障；诊断仪显示两路油门信号不一致；诊断仪显示油门卡滞	检查油门线路（含接插件）是否损坏、开路、短路；检查油门电阻特性；油门踏板是否进水
功率/扭矩不足，转速不受限	水温过高导致热保护；水温传感器/驱动线路故障，进气温度过高导致热保护；增压后管路漏气；增压器损坏（如旁通阀常开）；油路阻塞；高原修正导致；进、排气路堵塞；诊断仪显示油门无法达到全开	检查柴油机冷却系统；检查水温传感器本身或信号线路是否损坏；检查柴油机气路；检查增压器；检查油路；视具体情况进行相应处理；检查气路；检查电子油门

故 障 现 象	故障可能原因及常见表现	维 修 建 议
功率/扭矩不足转速受限，故障指示灯亮	轨压传感器损坏/MeUN 驱动故障；燃油温度传感器/驱动线路故障，诊断仪报告故障；进气温度传感器/驱动线路故障，诊断仪报告故障；油轨压力传感器信号飘移，诊断仪报告故障；高压油泵闭环控制类故障	对于轨压传感器/MeUN 故障：诊断仪显示轨压位于 700～760Pa，随转速升高而升高，则可能是燃油计量阀/驱动线路损坏；诊断仪显示轨压固定于 720Pa，可能为轨压传感器或线路损坏。 　　检查油温传感器信号线路；检查油温传感器是否损坏。检查气温传感器信号线路；检查气温传感器是否损坏。更换油轨压力传感器；检查高压油路是否异常；更换高压油泵
机械系统原因导致功率/扭矩不足	进、排气路阻塞，冒烟限制起作用；增压后管路泄漏，冒烟限制起作用；增压器损坏（如旁通阀常开）；进、排气门调整错误；油路阻塞；燃油滤清器堵塞；喷油器雾化不良，卡滞等	检查进排气系统；检查进气管路；更换增压器；重新调整；检查高压/低压柴油管路；更换滤芯；更换喷油器
运行不稳，怠速不稳	信号同步间歇错误：诊断仪显示同步信号出现偶发故障	检查曲轴/凸轮轴信号线路；检查曲轴/凸轮传感器间隙；检查曲轴/凸轮信号盘
	喷油器驱动故障：诊断仪显示喷油器驱动线路出现偶发故障（开路/短路等）	检查喷油器驱动线路
	油门信号波动：诊断仪显示松开油门后仍有开度信号；诊断仪显示固定油门位置后油门信号波动	检查油门信号线路是否进水或磨损导致油门开度信号飘移；更换电子油门
	机械方面故障：进气管路泄漏；低压油路阻塞；油路进气；缺机油等导致阻力过大；喷油器积炭、磨损等；气门漏气	检查进气系统；检查高压/低压燃油管路；排除油路空气；检查润滑系统，加机油；清理、更换喷油器；检查气门间隙，气门弹簧，调整更换；检查气门导管及气门座密封性
冒黑烟	喷油器雾化不良、滴油等：诊断仪显示怠速油量增大；诊断仪显示怠速转速波动	根据机械经验进行判断，如断缸法等；确认后拆检
	油轨压力信号飘移（实际>检测值）：诊断仪显示相关故障代码	更换传感器/共轨管

故 障 现 象	故障可能原因及常见表现	维 修 建 议
冒黑烟	机械方面故障：如气门漏气，进、排气门调整错误等，诊断仪显示压缩测试结果不好	参照机械维修经验进行
加速性能差	前述各种电喷系统故障原因导致扭矩受到限制；诊断仪显示相关故障代码	按故障代码提示进行维修
	负载过大：各种附件的损坏导致阻力增大；缺机油/机油变质/组件磨损严重；排气制动系统故障导致排气受阻	检查风扇等附件的转动是否受阻；检查机油情况；检查排气制动
	喷油器机械故障：积炭/针阀卡滞/喷油器体开裂/安装不当导致变形	拆检并更换喷油器
	进气管路泄漏；油路进气	检查、上紧松动的管路；排除油路中空气
	油门信号错误：诊断仪显示油门踩到底时开度达不到 100%	检查线路；更换电子油门

② 后处理端常见故障及排除。

故 障 现 象	故障可能原因及常见表现	维 修 建 议
尿素压力建立不起来	尿素管路接错	检查管路
	尿素管路的进流管路太长或者打折	检查从尿素罐到计量泵的管路的长度和管路是否畅通
	压力管路、进流管路泄漏	检查管路
	计量泵建压能力弱	调换无故障车辆的计量泵,确认无故障后更换
CAN 接收故障（AT1OG1）	NO_x 传感器不通电	检查供电线路
	NO_x 传感器损坏	更换传感器
	NO_x 传感器和 ECU 之间的 CAN 接线故障	检查线路
尿素喷嘴堵塞或卡死	尿素质量问题	清理尿素罐内的沉积物,更换喷嘴
	尿素管路中没有尿素循环冷却	检查管路是否打折或者接错,更换喷嘴
排放超标	尿素罐中掺水	检查尿素罐中是否有混水或用水代替尿素的情况出现
	柴油机故障导致柴油机排放恶化	检查柴油机故障
	后处理工作不正常导致尾气 NO_x 转换效率偏低	检查后处理部件的工作情况

（2）德尔福电控单体泵系统柴油机常见故障及排除方法。

故 障 现 象	故障可能原因及常见表现	维 修 建 议
柴 油 机 不能 起 动 或 起动困难	输油泵失效，造成供油不足	检查、更换输油泵
	ECU 不上电：通电自检时故障指示灯不亮；诊断仪无法连通；油门接插件没有 5V 参考电压；开钥匙时故障灯是否会自检（亮 2s）	先使用诊断仪与 ECU 进行通信，如果通信成功，则 ECU 供电正常。　根据线路图检查相关线路。方法：断开钥匙开关及 ECU 电源开关，检查 ECU 接插件和整车接插件是否有松动，是否有油、水和灰尘积存；确认接插件无故障后，接通 ECU 电源开关和点火开关，测量点火开关线对搭铁的电压是否是 24V。若非24V，则检查熔断器和相关的继电器是否正常，如果所有检查结果都正常，须更换 ECU
	同步信号不良：诊断仪显示同步信号故障；示波器显示工作相位错误	同步信号不正常：检查曲轴和凸轮轴位置传感器的接插件和相关线路是否正常；如果上述检查正常，可以尝试轮流去掉一个位置传感器进行起动，如果能够起动成功，可能是信号的对应关系发生偏差导致的，此时应该检查信号盘与柴油机第一缸上止点的对应关系是否正确，如果相位关系超差，须按安装要求调整
	ECU 内部数据不合理	对于油路、线路和信号都正常的情况下，仍然不能起动，可以尝试使用一个 5kΩ的电阻来代替冷却水温传感器（目的是增大起动油量），如果起动成功，说明起动油量偏小，原因可能是硬件磨损
	机械组件等其他故障：活塞环过度磨损；气门漏气；供油系统内有空气；供油管路堵塞；燃油滤清器堵塞；柴油中水分太多，排烟呈灰白色；油箱缺油	更换活塞环；检查气门间隙，气门弹簧，调整更换，检查气门导管及气门座密封性；排除油路空气；检查供油管路是否畅通；检查更换燃油滤清器的滤芯；更换正规加油站的柴油；检查油箱是否有足够柴油，燃油不足的情况，应立刻加油

故 障 现 象	故障可能原因及常见表现	维 修 建 议
没有怠速（即驾驶员没有踩下油门的情况下，柴油机转速持续高于目标怠速的情况）	油门传感器及其电路的问题	停止柴油机并关闭电源开关，拔掉油门传感器接插件，测量油门各引脚之间的电阻值同时与预定值进行比较，如果不满足要求则更换新传感器。 如果油门传感器正常，须检查从ECU到油门传感器之间的所有线路及接头是否有油、水或杂质。若发现油、水或杂质，必须全部清理干净，干燥后再重新插上油门接插件。然后使 ECU 上电（不要起动柴油机），测量油门各引脚之间的电压值，是否都处于正常的状态，如果仍然与正常情况下的电压不符，须更换 ECU
踩油门无响应	油门踏板失效	测量油门传感器各引脚的电阻，如果与正常值不符，则为油门失效，更换电子油门
柴油机转速抖动	转速传感器接触不良或安装气隙不符合要求；曲轴和凸轮轴位置传感器的安装位置不符合要求	监测同步信号 F_In_Sync，转速抖动时，同步信号在 0、1 之间跳动（0 表示不同步，1 表示同步）。如果抖动只是在某个转速下发生，则故障原因为转速传感器接触不良或安装气隙不符合要求；如果柴油机转速在整个范围内均有抖动（而且还伴随有白烟或黑烟），排除油路的故障后，应该重点检查曲轴和凸轮轴位置传感器的安装位置

（3）衡阳电控单体泵系统柴油机常见故障及排除方法。

故 障 模 式	故障可能原因及常见表现	维 修 建 议
柴油机起动困难、无法起动	输油泵失效，造成供油不足	检查、更换输油泵
	ECU 没有上电	检查熔断器是否烧断；检查线束连接是否正确、可靠；检查主继电器是否正常
	凸轮轴、曲轴传感器无信号	分别使用单传感器起动；调整凸轮轴传感器垫片厚度改变气隙；更换传感器

故 障 模 式	故障可能原因及常见表现	维 修 建 议
柴油机起动困难、无法起动	起动过程电瓶电压低于 16V	充电或换电瓶
	稳压阀坏	更换稳压阀
	机械组件等其他故障：活塞环过度磨损；气门漏气；供油系统内有空气；供油管路堵塞；燃油滤清器堵塞；柴油中水分太多，排烟呈灰白色；油箱缺油	更换活塞环；检查气门间隙，气门弹簧，调整更换，检查气门导管及气门座密封性；排除油路空气；检查供油管路是否畅通；检查更换燃油滤清器的滤芯；更换正规加油站的柴油；检查油箱是否有足够柴油，柴油不足的情况，应立刻加油
运行不稳，怠速不稳	曲轴、凸轮轴传感器信号不正常	调整凸轮轴传感器垫片厚度改变气隙；更换传感器
	油路有空气	排净油路空气
油耗高	提前角改变	油泵安装正确；检查曲轴传感器是否正常
	柱塞磨损	换单体泵
	控制阀磨损	换单体泵
功率/扭矩不足	稳压阀损坏	更换稳压阀
	柱塞磨损/断裂	换单体泵
	控制阀磨损	换单体泵
	增压压力进气温度传感器损坏	换传感器
	冒烟限制脉谱值过小	修改脉谱值
	输油泵供油能力不足	换输油泵
冒黑烟	冒烟限制脉谱油量值过大	修改脉谱值
	提前角改变	正确安装油泵；更换曲轴传感器

（4）威特电控单体泵系统柴油机常见故障及排除方法。

故 障 现 象	故障可能原因及常见表现	维 修 建 议
柴油机起动困难或无法起动/熄火	ECU 没上电	先使用诊断仪与 ECU 进行通信。如果通信成功，则 ECU 供电正常；否则，根据线路图检查相关线路。 方法：断开钥匙开关及 ECU 电源开关，检查 ECU 接插件和整车接插件是否有松动，是否有油、水和灰尘存积；确认接插件无故障后，接通 ECU 电源开关和点火开关，测量点火开关线对搭铁的电压是否是 24V，若非 24V，则检查熔断器和相关的继电器是否正常，如果所有检查结果都正常，须更换 ECU

故 障 现 象	故障可能原因及常见表现	维 修 建 议
柴油机起动困难或无法起动/熄火	凸轮轴、曲轴传感器无信号	使用单传感器分别起动；调整凸轮轴传感器垫片厚度改变气隙；更换传感器
	输油泵失效，造成供油不足	检查、更换输油泵
	燃油回油阀失效，造成燃油喷射泵部件吸油不足	检查、更换回油阀
	机械组件故障：活塞环过度磨损；气门漏气；供油系统内有空气；供油管路堵塞；燃油滤清器堵塞；柴油中水分太多，排烟呈白色；喷油不良或喷油压力过低；喷油提前角不正确	更换活塞环；检查气门间隙，气门弹簧，调整更换，检查气门导管及气门座密封性；排除空气；检查供油管路是否畅通；检查更换燃油滤清器的滤芯；更换正规加油站的柴油；清洗、检修或更换喷油器；调整电控系统喷油提前角
柴油机冒烟	喷油器雾化不良，排气冒黑烟	检修或更换燃油喷射泵部件或喷油器
	曲轴转速传感器吸附铁屑或损坏	清除曲轴转速传感器吸附铁屑；更换传感器
	系统定时有误，冒黑烟或蓝烟	通过调整飞轮位置来修改定时
	ECU 控制器故障	更换 ECU
功率/扭矩不足	输油泵失效，造成供油不足	检查、更换输油泵
	燃油喷射泵部件失效或性能下降	检查、更换燃油喷射泵部件
	曲轴转速传感器吸附铁屑或损坏	清除曲轴转速传感器吸附的铁屑或进行更换
	油门踏板传感器接触不良或损坏	检修或更换油门踏板传感器
	增压压力传感器安装接插件接触不良或损坏	检查增压压力传感器接插件或进行更换
	机械系统原因导致功率/扭矩不足：进、排气路阻塞，冒烟限制起作用；增压后管路泄漏，冒烟限制起作用；增压器损坏（如旁通阀常开）；进、排气门调整错误；油路阻塞；燃油滤清器堵塞；喷油器雾化不良、卡滞等	检查进排气系统；检查进气管路；更换增压器；重新调整；检查高压/低压柴油管路；更换滤芯；更换喷油器

（5）德尔福共轨系统柴油机常见故障及排除方法。

故 障 现 象	故障可能原因及常见表现	维 修 建 议
柴油机无法起动、难以起动、运行熄火	电喷系统无法上电：通电自检时故障指示灯不亮；诊断仪无法连通；油门接插件没有 5V 参考电压；开钥匙时故障灯是否会自检（亮 2s）	检查电喷系统线束及熔断器，特别是主继电器及点火开关方面
	蓄电池电压不足：万用表或诊断仪显示电压偏低；专用工具测电瓶在起动的时候的电压降；起动机运转无力；大灯昏暗；起动电动机时，电动机声音是否运转有力	更换蓄电池或充电，同其他车并电瓶
	无法建立工作时序：诊断仪显示同步信号故障；示波器显示曲轴/凸轮轴工作相位错误；诊断仪显示凸轮信号丢失；诊断仪显示曲轴信号丢失	检查曲轴/凸轮轴信号传感器是否完好无损；检查其接插件和导线是否完好无损；检查曲轴信号盘是否损坏/脏污附着（通过传感器信号孔）；检查凸轮信号盘是否损坏/脏污附着（通过传感器信号孔）；如果维修时进行过信号盘等组件的拆装，检查相位是否正确
	预热不足：高寒工况下，没有等到冷起动指示灯熄灭就起动；万用表或诊断仪显示预热过程蓄电池电压变动不正常	检查预热线路是否接线良好；检查预热塞/预热隔栅电阻是否正常；检查蓄电池电容量是否足够
	ECU 软/硬件或高压系统故障：监视狗故障；轨压超高故障；轨压漂移故障；模数转换故障；燃油计量阀驱动故障……参考停机保护策略	更换 ECU 或通知专业人员
	喷油器不喷油 ：怠速抖动较大；高压油管无脉动；诊断仪显示怠速油量增高；诊断仪显示喷油驱动线路故障	检查喷油驱动线路（含接插件）是否损坏、开路、短路；检查高压油管是否泄漏；检查喷油器是否损坏、积炭
	高压泵供油能力不足：诊断仪显示轨压偏小	检查高压油泵是否能够提供足够的油轨压力；检查柴油计量阀是否损坏；检查低压油路是否供油畅通、喷油器是否卡死、高压油管是否开裂等
	轨压持续超高：诊断仪显示轨压持续 2s 高于 2000Pa	检查燃油计量阀是否损坏；泵体压力泄放阀是否损坏

故 障 现 象	故障可能原因及常见表现	维 修 建 议
柴油机无法起动、难以起动、运行熄火	机械组件等其他故障：活塞环过度磨损；气门漏气；供油系统内有空气；供油管路堵塞；燃油滤清器堵塞；柴油中水分太多；特征为排烟呈灰白色；油箱缺油	更换活塞环；检查气门间隙，气门弹簧，调整更换，检查气门导管及气门座密封性；排除油路空气；检查供油管路是否畅通；检查更换燃油滤清器的滤芯；更换正规加油站的柴油；检查油箱是否有足够柴油，柴油不足的情况，应立刻加油
跛行回家模式油门失效，且柴油机无怠速（转速维持在 1300 r/min 左右）	喷油器修正码故障：怠速升至1300r/min，油门失效；诊断仪显示C2I 修正码故障	检查喷油器修正码是否正确
	油门故障：怠速升高至1300r/min，油门失效；诊断仪显示双路油门信号故障；诊断仪显示油门卡滞	检查油门线路（含接插件）是否损坏、开路、短路；检查油门电阻特性；油门踏板是否进水
功率/扭矩不足	水温过高导致热保护；诊断仪报告水温传感器/驱动线路故障；柴油温度过高导致热保护；诊断仪报告燃油温度传感器损坏/驱动线路故障；诊断仪报告油轨压力信号漂移故障；诊断仪报告油门信号 1 路/2 路故障；诊断仪报告蓄电池电压信号故障；参考减扭矩失效策略	检查柴油机冷却系统；检查水温传感器本身或信号线路是否损坏；检查油温传感器本身或信号线路是否损坏；检查油轨压力传感器本身或信号线路是否损坏；检查油路/气路；检查增压器；检查电子油门；检查油水分离器开关，放水
机械系统原因导致功率/扭矩不足	进排气路阻塞，冒烟限制起作用；增压后管路泄漏，冒烟限制起作用；增压器损坏（如旁通阀常开）；进、排气门调整错误；油路阻塞/泄漏；低压油路有空气或压力不足；机械阻力过大；喷油器雾化不良，卡滞等；其余机械原因	检查高压/低压柴油管路；检查进、排气系统；检查喷油器；参照机械维修经验进行
运行不稳，怠速不稳	信号同步间歇错误：诊断仪显示同步信号出现偶发故障	检查曲轴/凸轮轴信号线路；检查曲轴/凸轮传感器间隙；检查曲轴/凸轮信号盘
	喷油器驱动故障：诊断仪显示喷油器驱动线路出现偶发故障（开路/短路等）	检查喷油器驱动线路
	油门信号波动：诊断仪显示松开油门后仍有开度信号；诊断仪显示固定油门位置后油门信号波动	检查油门信号线路是否进水或磨损导致油门开度信号飘移；更换油门

故 障 现 象	故障可能原因及常见表现	维 修 建 议
运行不稳， 怠速不稳	机械方面故障：进气管路泄漏；低压油路阻塞；油路进气；缺机油等导致阻力过大；喷油器积炭、磨损等；气门漏气	检查进气系统；检查高压/低压柴油管路；排除油路中的空气；检查润滑系统，加机油；清理、更换喷油器；检查气门间隙，气门弹簧，调整更换，检查气门导管及气门座密封性
冒黑烟	喷油器雾化不良、滴油等；诊断仪显示怠速油量增大；诊断仪显示怠速转速波动	根据机械经验进行判断，如断缸法等；确认后拆检
	油轨压力信号飘移（实际>检测值）；诊断仪显示相关故障代码	更换传感器/共轨管
	机械方面故障：如气门漏气，进排气门调整错误等；诊断仪显示压缩测试结果不好	参照机械维修经验进行
加速性能差	前述各种电喷系统故障原因导致扭矩受到限制；诊断仪显示相关故障代码	按故障代码提示进行维修
	负载过大：各种附件的损坏导致阻力增大；缺机油/机油变质/组件磨损严重；排气制动系统故障导致排气受阻；整车动力匹配不合适	检查风扇等附件的转动是否受阻；检查机油情况；检查排气制动
	喷油器机械故障：积炭/针阀卡滞/喷油器体开裂/安装不当导致变形	拆检并更换喷油器
	进气管路泄漏；油路进气	检查、上紧松脱管路；排除油路中空气
	油门信号错误：诊断仪显示油门踩到底时开度达不到100%	检查线路；更换油门

第 6 章

实训工作页

实训项目1: 柴油机二级维护作业

实训目标

知识目标

1. 叙述柴油机各系统的基本组成、作用,并熟悉各零件的名称及安装位置。
2. 会分析引起柴油机常见故障的原因。

能力目标

1. 掌握柴油机拆装技能。
2. 具备从事柴油机二级维护与保养的能力。

情感目标

1. 体验安全生产规范,遵守操作规程,感受合作与交流的乐趣。
2. 在项目学习中逐步养成自主学习新知识、新技术的良好习惯。
3. 在操作学习中不断积累维修经验,从个案中寻找共性。

实训任务

任务要求

要求正确使用专用或常用工量器具,检查柴油机的使用性能,完成柴油机的拆检工作,学会柴油机二级维护作业操作内容。

懂得判断柴油机主要零部件的使用性能。

完成二级维护检查更换作业后,柴油机能正常工作。

作业时间: 90分钟。

情境创设

老师指着需要二级维护的柴油机，要求学生从事柴油机二级维护作业，引导学生按汽修厂的工作过程完成柴油机的拆装、检查、调整或更换工作，从而在完成任务的过程中学习柴油机的二级维护修理技能，以及相关的理论知识。

可以同时播放柴油机的二级维护案例视频，激发学生学习的兴趣。

教学资料准备：教学用柴油机、使用说明书和教材等。

相关知识准备

1. 请根据下图相应的结构填写零件名称并通过实体识别零件

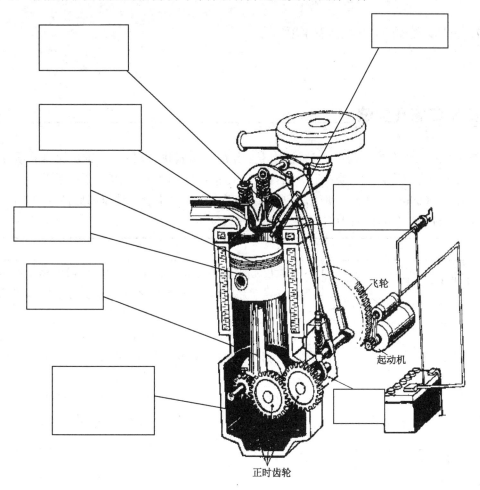

2. 柴油机拆卸有哪些注意事项？

3．你熟悉哪些柴油机拆装专用工具？它们是用于拆装什么零件的？

4．柴油机装配的基础知识有哪些？

5．拆卸活塞连杆组的要求有哪些？

6．采用退炭剂清除清除积炭时，应如何操作？

7．正时齿轮安装有哪些注意事项？

实训实施及步骤

柴油机的二级维护作业：二级维护由专业维修工负责执行。除一级维护保养的项目（此项工作由专业维修工负责执行，其内容主要以清洁、检查、调整和补充更换为主）外，汽车每运行 10000～11000km 应增加项目，此工作主要以检查、调整和更换为中心内容，以 YC6G（6112）系列机型为例。

步　骤	操　作　要　求
一级维护： （1）检查风扇皮带张紧程度	张紧度通过调整张紧轮保证，一般在 40～50N 力作用下，皮带挠度在 10～15mm 之间，必要时予以调整或更换皮带
（2）检查进、排气门间隙	柴油机进气门间隙（冷态）0.35～0.45mm，排气门间隙（冷态）0.4～0.5mm，不符合要求时，应予以调整。不同柴油机间隙值不同，按产品要求调整
（3）检查蓄电池电解液	用电解密度计检测，在常温下，单格电池电解液密度在 1.200～1.280g/mL 之间，单格电池的容量是充足的，低于 1.200g/mL 时应及时补充充电
（4）新机进行第一次一级保养应更换机油	按该机型使用机油品种，更换机油
（5）检查空气滤清器和输油泵使用情况	应清洗空气滤清器及输油泵进油滤网，必要时更换成新件
（6）检查机油滤清器	如发现机油压力不足，应更换机油滤清器的滤芯（以后每当更换机油时同时进行）

步　　骤	操 作 要 求
二级维护： （1）检查喷油器开启压力，必要时加以调整	喷油压力应符合产品技术要求，同时喷油呈细而均匀的雾状，无肉眼可见的油滴飞溅，喷雾时有清脆的爆裂声，喷孔无滴油现象
（2）检查静态供油提前角	YC6112ZQ（静态）供油提前角（上止点前）13°～15°，必要时加以调整。不同机型（静态）供油提前角不一样，按产品说明书要求调整
（3）检查水泵溢水孔的漏水情况	不允许水泵溢水孔有漏水现象，若漏水（往往在运转时不漏而停车后才漏），说明水封已损坏，应予修复或更换水封
（4）检查水泵轴承及张紧轮轴承	应定期加注钙基润滑脂，一般每运行 200h 要加一次，每次不要加得过多
（5）检查主轴承螺栓、汽缸盖螺栓、连杆螺栓的紧固情况	对主轴承螺栓、汽缸盖螺栓、连杆螺栓等进行重新拧紧，按产品说明书要求，分多次拧紧至规定力矩
（6）更换机油和检查机油滤清器	按产品说明书要求更换相应牌号机油，清洗机油滤清器滤芯和细滤器，必要时更换滤清器芯
（7）检查柴油滤清器	要求更换柴油滤清器滤芯
（8）检查冷却系统使用情况	发现有水温过高的现象时（使用硬水作为冷却液），应进行除垢处理
（9）检查呼吸器和机油集滤器使用情况	要求清洗呼吸器和机油集滤器滤网，必要时换新件
（10）检查电器线路各连接点的接头	松动就拧紧，要确保接触良好

注意： 为了使柴油机保持良好的运行状态，减少、避免故障，延长使用寿命，用户必须按规范要求进行技术保养。

电控柴油机技术保养周期：

根据柴油机各个零部件技术状态恶化程度的不同，将各项定期技术保养操作认定为 4 个等级，见下表。

项　　目	维 护 周 期	维 护 项 目
日常维护	每日进行	检查油箱油量
		检查冷却液量
		检查机油量
		检查"三漏"情况

注意： （1）只有在柴油机冷机状态下，才能正确地检查各种液面的高度。

（2）在柴油机运转中切不可给燃油箱加油。若车辆在高温环境下工作，油箱不能加满，否则燃油会因膨胀而溢出，一旦溢出要立即擦干。

（3）如果柴油机在较多灰尘的环境下工作，则应每天拆开空气滤清器，清除灰尘。

项　目	维 护 周 期	维 护 项 目
一级维护	每 1500～2000km（或每 50h）	所有日常维护项目
		清洗机油滤清器及输油泵进油滤网
		检查风扇皮带的张紧度
		检查缸盖螺栓的拧紧情况
		检查并调整气门间隙
		检查喷油器的工作压力（如柴油机性能出现异常时）
		对新机或刚大修好的柴油机更换机油
		找到诊断接口放到明显的地方
		增加：电脑检测柴油机故障码并清除故障码
二级维护	每 10000～11000km（或每 150h）	所有一级维护项目
		每隔一次二级维护（每 10000～11000km）更换机油滤清器
		每隔两次二级维护（每 10000～11000km）更换柴油滤清器
		清洗空气滤清器
		检查气门密封情况
		给水泵加注润滑脂
		检查电器线路各连接点的接触情况
		检查所有重要螺栓螺母的拧紧情况
		若水套结垢严重应清除掉
		清洗呼吸器滤芯
		更换机油
三级维护	每 30000～40000km（或每 800～1000h）	（视情况）拆卸整机清除油污、积炭、结焦等
		检查各摩擦副、运动件的磨损变形情况
		检查喷油泵的工作情况
		检查喷油器的工作情况
		检查机油泵的工作情况
		检查发电机及起动马达的使用情况，清洗轴承及其他机件，加注润滑脂
		检查气缸垫及其他垫片的使用情况
		排除各类隐患
		更换机油
		增加：电脑检测柴油机故障码并清除故障码

　　注意：三级维护完成的柴油机应有 2500km 磨合期，不能马上高速高负荷运转，以免损伤机件，影响使用寿命。

巩固练习

1. 选择题

（1）空气滤清器堵塞造成进气不畅，柴油机排什么烟？（　　）

   A．黑烟　　　　　B．蓝烟　　　　　C．白烟

（2）活塞和活塞环严重磨损，导致机油窜入汽缸，排气管排什么烟？（　　）

   A．黑烟　　　　　B．蓝烟　　　　　C．白烟

（3）柴油机在 B-B 出现异响的原因可能是（　　）。

   A．连杆螺栓松动　　　　　　　　B．齿轮磨损严重

   C．活塞环与汽缸配合间隙过大

（4）冷却循环效果不好，造成冷却水温度过高的原因是什么？（　　）

   A．水泵皮带过松　　　　　　　　B．排气制动阀开启不合理

   C．供油提前角过小

（5）引起突发性降压可能是下列哪一种原因？（　　）

   A．机件逐渐磨损

   B．集滤器滤网堵塞

   C．机油泵轴断裂

（6）柴油机之所以采用压燃方式是因为（　　）。

   A．便宜　　　B．自然温度低　　　C．自然温度高　　　D．热值高

（7）下列不是柴油机自燃的因素为（　　）。

   A．高压缩比　　　　　　　　　　B．雾化好

   C．供油提前角适当　　　　　　　D．供油量大

（8）输油泵的输油压力由（　　）控制。

   A．输油泵活塞　　B．复位弹簧　　C．喷油泵转速　　D．其他

（9）发动机怠速时，若转速（　　），则调速器控制供油量增加。

   A．升高　　　　B．降低　　　　C．不变　　　　D．都有可能

（10）柴油机某缸压力过低，其余各缸压力正常，其故障原因为（　　）。

   A．活塞环磨损　　　　　　　　　B．该缸气门关闭不严

   C．压缩比低　　　　　　　　　　D．柴油机转速低

（11）柴油机的供油提前角一般随发动机转速（　　）而增加。

   A．升高　　　　B．降低　　　　C．不一定

（12）柴油机工作时振动并伴有敲击声，可能是（　　）

   A．各缸工作不均匀　　　　　　　B．供油量过小

   C．发动机温度过低　　　　　　　D．发动机温度过高

（13）水泵泄水孔有冷却液渗出可以诊断为水泵（　　）的损坏

   A．水道　　　B．叶轮　　　C．轴承　　　D．水封

（14）柴油机可燃混合气是在（　　）内形成的。

   A．进气管　　B．燃烧室　　C．化油器　　D．空气滤清器

2. 判断改错题（对的"√"，错的打"×"，并改正）

（1）滚轮挺柱体传动部件高度的调整，实际上是调整该缸的供油量。（　　）

改正：

（2）柴油机一般用两个 12V、大容量的铅酸蓄电池串联成 24V 电气系统。（　　）

改正：

（3）柴油机工作时，怠速运转及无负荷高速运转正常，大负荷无高速的原因之一是低压油路漏气。（　　）

改正：

（4）各缸供油量不均匀时，可通过改变柱塞与套筒相对位置进行调整。（　　）

改正：

（5）活塞环的泵油作用，也许对汽缸上部的润滑有利，但是它是有害的，它会形成积炭。（　　）

改正：

（6）采用双气门弹簧时，内、外弹簧的旋向应相同，以免相互干涉。（　　）

改正：

（7）空气滤清器网堵塞，可造成混合气过稀的故障。（　　）

改正：

（8）喷入柴油机燃烧室的高压柴油，其油压是由喷油器建立的。（　　）

改正：

（9）松开喷油泵放气螺钉，扳动手油泵，放气螺钉处无油流出，则可诊断为低压油路故障。（　　）

改正：

（10）在柴油机运转的情况下，用手触碰各缸高压油管，若感到有喷油"脉动"，说明故障在喷油泵而不在喷油器。（　　）

改正：

3. 简答题

（1）为什么有的增压柴油机的进、排气门不一定是早开迟闭？

（2）柴油机为何要对进气进行冷却？

4. 问答题

柴油机是怎样工作的？

作业表

表一　柴油机二级维护的检查与修理实训记录表

姓名：_____　学号：_____　班级：_____

项　　目	检验与操作（数据）内容	记　　录	检验结论及处理意见
检查风扇皮带张紧程度			
检查进、排气门间隙			
检查蓄电池电解液			
新机第一次一级保养换机油			
清洗空气滤清器及输油泵进油滤网			
机油压力不足时，应更换机油滤清器的滤芯			
检查喷油器开启压力			
检查静态供油提前角			
检查水泵溢水孔的滴水情况			
给水泵轴承腔加注满黄油			
检查主要零部件的紧固情况			
更换机油和机油滤清器滤芯			
更换柴油滤清器滤芯			
有水温过高的现象时（使用硬水作为冷却液），应进行除垢处理			
清洗呼吸器滤网和机油集滤器滤网			
检查电气线路各连接点的接头			

表二　柴油机二级维护的检查与修理实训报告

姓名：＿＿＿＿＿　学号：＿＿＿＿＿＿＿　班级：＿＿＿＿＿＿＿＿＿＿

发动机型号		时　间		地　点	
实训内容					
工具使用情况					
实训操作要领					
收获与体会					
建议与要求					
教师评价（签名）					

实训项目 2: 喷油器拆装与检修

实训目标

 知识目标

1. 熟悉喷油器的结构，并说出各零件的名称。
2. 能简单叙述喷油器的工作原理。
3. 会分析喷油器故障引起柴油机故障的原因。

能力目标

1. 熟悉检修针阀偶件的性能。
2. 会就柴油机检修喷油器的性能并进行调整。
3. 会诊断和排除喷油器的故障。

情感目标

1. 体验安全生产规范，遵守操作规程，感受合作与交流的乐趣。
2. 在项目学习中逐步养成自主学习新知识、新技术的良好习惯。
3. 在操作学习中不断积累维修经验，从个案中寻找共性。

实训任务

任务要求

要求正确使用梅花扳手、开口扳手、起子、喷油器试验台等工量器具，检查判断喷油器的性能状况，并完成喷油器的调试任务。

懂得判断针阀偶件的使用性能。

懂得使用喷油器试验台检验喷油器性能。

完成检查更换作业后，柴油机能正常工作。

作业时间：35分钟。

情境创设

老师指着有故障的柴油机，说明是"喷油器的故障原因造成柴油机无法起动"，要求学生拆检喷油器，引导学生按汽修厂的工作过程完成喷油器的检修、调整或更换操作，从而在完成任务的过程中学习喷油器的检修诊断技能和更换操作工作，以及相关的理论知识。

教学资料准备：柴油机、喷油器使用说明书、检修手册和教材等。

相关知识准备

1. 喷油器的种类？现在操作的发动机所安装的喷油器属于哪种类型？

2. 标注图中所示喷油器零件的名称。

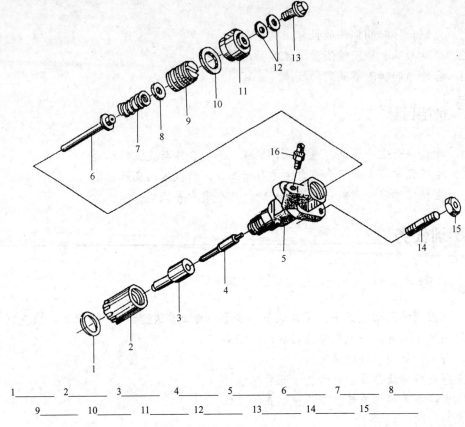

1	2	3	4	5	6	7	8

9	10	11	12	13	14	15

3. 安装喷油器压紧帽时，应使用专用扭矩扳手，扭矩为_____N·m。

4. 喷油器密封性检测试验如何操作？

5. 喷油压力调整方法有哪几种？本发动机是用哪种方法？

6. 喷油器喷油质量检查方法是什么？

实训实施及步骤

步 骤	图 示	操 作 要 求
拆卸解体	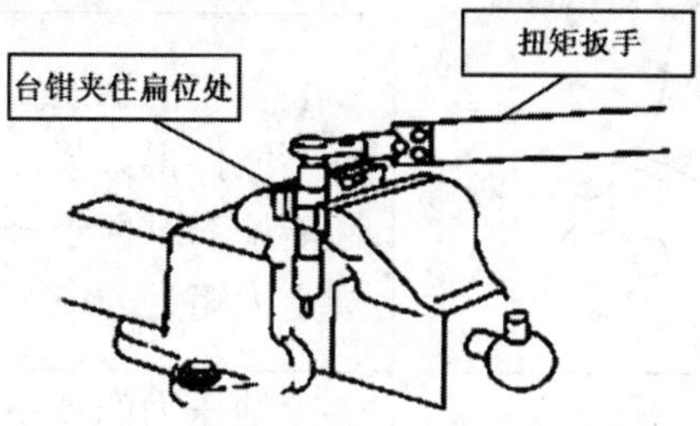 台钳夹住扁位处　　扭矩扳手	拆下进油管接头和回油管接头及垫片。
		从汽缸盖上取出喷油器,有些较难取出的喷油器可以利用拉拔器取出。
		用台钳夹住喷油器的扁位处。
		拆下调压螺钉压紧帽(两种形式)。
	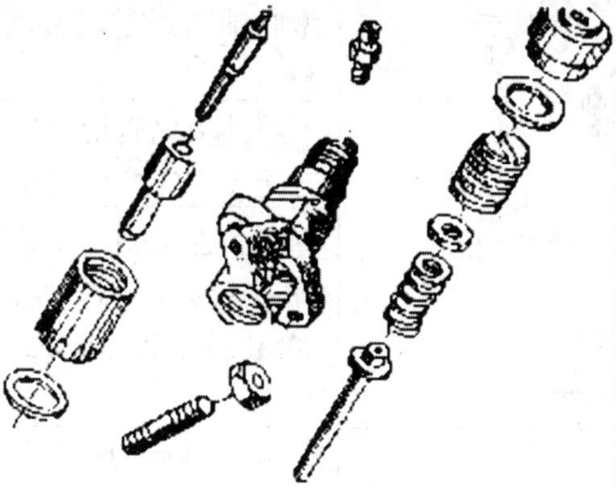	用一字起拧出调压螺钉,取出垫片、调压弹簧和顶杆。
		将喷油器体倒转,夹在台钳上,用扳手拆下喷油器的压紧帽和垫片,取出针阀体和针阀。
清洗、检查	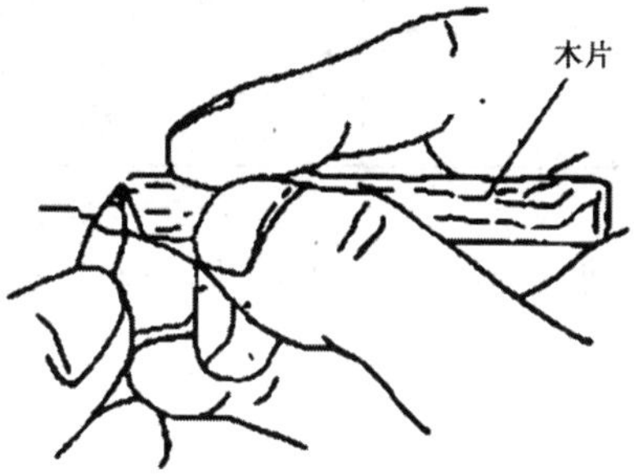 木片	将解体后的零件放入柴油中浸泡、清洗,清除偶件表面的积炭。
		检查喷油嘴偶件是否卡死、烧蚀等,若有则更换新件。
		滑动性试验,需将阀体倾斜45°左右,将针阀拔出约1/3行程后放开,针阀应能靠其自重平稳地下滑。
		检查弹簧是否变形。
组装	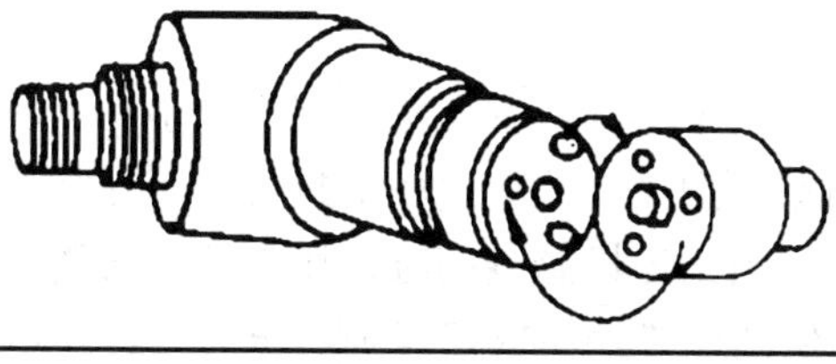	装复喷油器偶件,定位销与孔安装到位。

步　骤	图　示	操　作　要　求
调试		安装调压螺钉或调整垫片（P 型喷油器使用的调整垫片厚度可分为几个等级）。
		装复喷油器压紧帽，注意调压螺钉不能拧得太紧，这样在后期进行性能检查时便于排气和整体清洗。规定力矩为 60～80N·m。
		喷油压力的调整，通过调整调压螺钉，旋紧压力增大；反之减小（P 型喷油器通过增减垫片厚度来调整）。
		喷油雾化质量试验，用肉眼观察应无飞溅的颗粒或油柱。
		密封性试验，在标准的压力下，应无渗漏或滴油现象，测量油压从 20MPa 降至 18MPa，不少于 9～12s。
装复		将调整后的喷油器安装到发动机上，防止垫片脱落，在垫片上涂抹一层黄油。
		安装进油管、回油管螺钉。

注意：拆装喷油器时，应注意其前端垫片不能丢失或错装，否则会影响喷油器伸出高度，从而影响柴油机的性能。

知识拓展

1. 喷油器常见故障及影响

（1）喷油雾化不良

当喷油压力过低、弹簧端面磨损或弹簧弹力下降时，会使喷油器提前开启、延时关闭，并出现喷油雾化不良现象，导致柴油机功率下降、燃烧不充分而排气管冒黑烟。

（2）密封失效、排白烟并伴有放炮声

喷油器工作时，针阀体的密封锥面由于受到针阀频繁的强力冲击和磨料磨损，锥面会逐渐出现划痕或点蚀，配合锥面接触宽度增加，从而造成密封失效，使喷油器滴油。当柴油机温度低时，排气管有冒白烟现象；当柴油机温度高时，排气管除冒黑烟外，还会不时地发出放炮声。这时，若停止向该缸供油，排烟与放炮声则迅速消失。

（3）针阀卡死，无法喷油

柴油中的水分或酸性物质过量时会使针阀因锈蚀而被卡住；当针阀密封锥面受损后，汽缸内可燃混合气也会窜入配合面并形成积炭，使针阀被卡住，喷油器无法喷油，致使该缸停止工作。

（4）内漏、喷油时间长、起动困难

当针阀在针阀孔内做频繁的往复运动时，如果柴油中杂质微粒直径过大，则会使针阀孔导向面逐渐磨损，致使喷油器内漏增加、压力下降和喷油时间延长，造成柴油机起动困难，工作时振动增大。

（5）喷油器与缸盖的结合孔漏气、窜油

若喷油器在缸盖上的安装孔内有积炭，铜垫圈不完好、不平整，以石棉板或其他材质代替紫铜材质，或垫圈的厚度不能确保喷油器伸出缸盖平面，都会造成散热不良或起不到密封作用，导致喷油器与缸盖的结合孔处漏气、窜油。

（6）冒黑烟

由于高压柴油的不断喷射冲刷，喷油嘴喷孔会因逐渐磨损而加大，导致喷油压力下降、喷射距离缩短和可燃混合气混合不均，从而使柴油机出现冒黑烟现象，缸内积炭也会随之增加。

2. 喷油器的使用维护要点

（1）改进喷油器垫的安装位置

由于金属在高温条件下工作时最易磨损，而轴针式和孔式喷油器的喷油嘴伸入燃烧室中，大部分表面直接与燃气接触，遭受高温、高压燃气的烘烤，这是造成喷油器针阀锥面与针阀导向面磨损的主要原因。对于轴针式喷油器，为避免喷油嘴整体受燃气烘烤，可在喷油嘴头部加装一适当厚度的紫铜垫圈；对于孔式喷油器可加装 V 形垫，V 形垫的设计应使外径尽量大，使内孔尽量上大下小，以便于在更换喷油嘴时拆装并防止燃气侵入。

（2）定期检查、调整喷油器

喷油器每工作 700h 左右应检查调整一次。若开启压力低于规定值时应将针阀卸出，放入清洁柴油并用木片或铜片刮除积炭，用细铁丝疏通喷孔，装复后再进行调试。要求同一台柴油机上各缸的喷油压力差必须小于 1MPa。

（3）定期检查、调整喷油泵供油提前角

为使喷油器喷入汽缸内的柴油能够混合均匀并完全燃烧，必须定期检查、调整喷油泵供油提前角的大小。若供油时间过早，会使柴油机起动困难，出现敲缸、振动加大等故障；若供油时间过迟，则会导致排气管冒黑烟、机温过高和油耗上升等不良后果。

（4）按季节换油，定时保养柴油滤清器

因针阀偶件的配合精度很高，而且喷油器喷孔孔径很小，因而必须严格按照季节变化选用规定牌号的清洁柴油并要定时保养柴油滤清器，经常排放滤清器和油箱内的沉淀油，以防止灰尘、杂质的侵入而加速针阀偶件的磨损。

（5）仔细清洗和更换针阀偶件

更换针阀偶件时，应将针阀偶件先放入 70～80℃的热柴油中浸泡 10min，再在干净柴油中将针阀在阀体内来回抽动，以便彻底清洗干净。这样，才能有效地避免喷油器工作时因防锈油熔化而发生粘住针阀的故障。另外，清洗针阀偶件时，不得与其他硬物相碰，防止针阀导向面被刮伤。

（6）避免针阀被卡死

当松开高压油管接头时，如果看到有大量气泡或油沫窜出来，则说明针阀已在开启状态被卡死，因而使汽缸压缩时产生的压缩气体经喷油器倒流入高压油。此时，若用手触摸高压油管，则感觉不到柴油脉动或脉动较弱。若针阀被卡死，由于油中存在颗粒物及喷油器中有残余铁沫，将导致该缸喷油器工作不良或不工作。这时，应对针阀偶件重新进行清洗、装配或更换。

（7）保证喷油器喷孔的直径大小符合技术要求

如果判明喷油器喷油压力不足为喷孔扩大所致，对于单孔轴针式喷油器，可在孔端放一粒直径为 4～5mm 的钢球，用小锤轻轻敲击，使喷孔局部产生塑性变形而缩小孔径；对于多孔直喷式喷油器，因其孔数多、孔径小，只能用专制的冲头在孔端轻轻敲击。若装复后仍达不到技术要求，则应更换针阀偶件。

（8）避免柴油机长时间超负荷运转

柴油机应避免长时间超负荷运转，以防机体过热而将喷油器的针阀偶件卡死。对长期封存的柴油机，应将喷油器卸下浸入清洁柴油中，以防针阀腐蚀而不能灵活开闭。

巩固练习

1. 填空题

（1）针阀偶件滑动性能检验时，倾斜_____度，将针阀从阀体中抽出 1/3 左右，转至任意位置松手后，针间均能自由下滑到底，无卡滞现象。

（2）喷油器工作间隙泄漏极少量柴油经_____流回油箱。

2. 选择题

（1）旋进喷油器端部的调压螺钉，喷油器喷油开启压力（　　）。

　　A. 不变　　　　　　　　　　B. 升高

　　C. 降低

（2）柴油机冒灰白烟，其原因一定不是（　　）。

　　A. 点火过迟　　　　　　　　B. 喷油器雾化不良

　　C. 柴油品质不良　　　　　　D. 滤清器堵塞

（3）喷油器的功能是将（　　）雾化成较细小的颗粒，并把它们分布在燃烧室中。

　　A. 柴油　　　　　　　　　　B. 汽油

　　C. 混合气　　　　　　　　　D. 空气

3. 判断改错题（对的"√"，错的打"×"，并改正）

（1）孔式喷油器的喷孔直径一般比轴针式喷油器的喷孔大。　　　　　（　　）

改正：

（2）所谓柱塞偶件是指喷油器中的针阀与针阀体。　　　　　　　　　（　　）

改正：

作业表

表一　喷油器检修实训记录表

姓名：_____　学号：_____　班级：_____

要求：

（1）检查柴油机喷油器性能；

（2）拆装调整喷油器，使之符合技术标准。

考核时间：35 分钟

检查项目	检查结果	调整结果	技术标准	教师复查
喷油压力				
喷油器雾化质量				
喷油器总成的密封性				
针阀偶件滑行试验				
针阀偶件表面质量				
调压弹簧弹力				

表二　喷油器检修实训报告

姓名：_____　学号：_____　班级：_____

发动机型号		时间		地点	
实训内容					
工具使用情况					
实训操作要领					
收获与体会					
建议与要求					
教师评价（签名）					

表三　喷油器检修实训成绩评定表

姓名：＿＿＿＿＿　学号：＿＿＿＿＿　班级：＿＿＿＿＿＿

序号	作业项目	考核内容	配分	评分标准	评分记录	扣分	得分
1	性能检验	检查喷油器的喷油压力	15	检验方法不正确扣3分			
				检验结果不正确扣2分			
		检查喷油器的喷雾质量		检验方法不正确扣3分			
				检验结果不正确扣2分			
		检查喷油器的密封性		检验方法不正确扣3分			
				检验结果不正确扣2分			
2	喷油器的解体检验	检验针阀偶件及调压弹簧等机件的损伤	6	检验方法不正确扣4分			
				检验结果不正确扣2分			
3	喷油器的组装与调整	组装和压力调整工艺、方法和质量	10	组装操作不正确扣4分			
				压力调整方法不正确扣4分			
				调整不符合要求扣2分			
4	安全文明生产	遵守安全操作规程，正确使用工量具，操作现场整洁	4	每项扣1分，扣完为止			
		安全用电，防火，无人身、设备事故		因违规操作发生重大人身和设备事故，此题按0分计			
5	分数合计		35				
时间从　　时　分至　　时　分　共　　分钟							
评分人：　　　年　月　日			核分人：　　　年　月　日				

技术标准：

（1）喷油器开启压力为 24±0.5MPa；

（2）以 60～70 次/分钟的速度压动试验器手柄时，喷油器喷油呈细而均匀的雾状，无肉眼可见的油滴飞溅，雾锥角为 155°，喷雾时有清脆的爆裂声，喷孔无滴油现象；

（3）针阀偶件呈 45° 放置，将针阀从阀体中抽出 1/3 左右，转至任意位置松手后，针阀均能自由下滑到底，无卡滞现象；

（4）压动试验器手柄提高试验油压，油压 20MPa 下降到 18MPa 的时间不少于 9～12s；

（5）针阀及阀体表面不得有明显擦伤、划痕、锈迹及裂纹，喷孔无烧蚀及积炭堵塞现象。

实训项目 3: 柴油机起动困难的故障诊断与排除

实训目标

知识目标

1. 能根据柴油机起动困难的故障现象，判断其产生的原因。

2. 懂得柴油机起动困难故障的诊断思路。

 能力目标

1. 掌握诊断和排除柴油机起动困难故障的基本操作技能。
2. 会就柴油机检修常见的柴油机起动困难故障。

 情感目标

1. 体验安全生产规范，遵守操作规程，感受合作与交流的乐趣。
2. 在项目学习中逐步养成自主学习新知识、新技术的良好习惯。
3. 在操作学习中不断积累维修经验，从个案中寻找共性。

实训任务

 任务要求

要求正确使用梅花扳手、开口扳手、扭力扳手等工量器具，检查判断柴油机起动困难的原因，并能排除造成起动柴油机的故障。

对自己的学习和工作效果作出自我评价。

完成检查排除故障作业后，柴油机能正常工作。

作业时间：35 分钟。

 **情境创设**

老师指着已经设计故障的柴油机，说明是"该柴油机有故障造成无法起动"，要求学生检修柴油机，引导学生按正常的操作规程完成柴油机的检查与排故操作，从而在完成任务的过程中学习柴油机起动困难的检查诊断和排故技能，以及相关的理论知识。

可以同时要求学生完成柴油机起动困难的诊断与排除作业，以激发学生学习的深度。

教学资料准备：教学用柴油机使用说明书、教材或维修手册等。

相关知识准备

1. 排气管不冒烟、冒白烟和冒黑烟造成起动困难的原因有哪些？

2. 排除排气管不冒烟的方法有哪些？

3. 排除排气管冒白烟的方法有哪些？

4. 排除排气管冒黑烟的方法有哪些？

实训实施及步骤

1. 柴油机起动困难诊断思路

当柴油机冷起动困难而热起动不困难，可按下述故障诊断程序进行（以 YC6M 系列柴油机为例）。

步　骤	操　作	值	是	否
1	柴油机油箱是否有油或有水		至步骤 2	至步骤 3
2	加油、放水或换		系统正常	
3	环境温度是否低于 5℃，造成起动困难		至步骤 4	至步骤 5
4	加注热水人为热机或检查冷起动装置是否起作用		系统正常	
5	空气滤过器是否堵塞		至步骤 6	至步骤 7
6	清洗或更换空气滤清器		系统正常	
7	检查气门隙是否符合技术要求	进：0.3±0.05 排：0.4±0.05	至步骤 9	至步骤 8
8	按技术要求调整气门间隙		系统正常	
9	检查喷油器喷油压力、雾化质量是否正常	23.5～24.5MPa	至步骤 11	至步骤 10
10	按规定值调整喷油压力		系统正常	
11	检查喷油泵供油提前角（静态供油提前角）	增压机型： 16°～19°	至步骤 13	至步骤 12
12	按要求调整柴油机供油正时		系统正常	
13	冷机难起动，热机好起动		至步骤 14	至步骤 15
14	主要是机械部分问题，是进入维修期的先兆，需大修保养		系统正常	
15	冷机难起动，起动后中低速运行、排气管冒白烟		至步骤 16	
16	拆检汽缸垫或缸套有无损坏情况，有则更换新件		系统正常	

2. 实操考试故障设置及选取原则

序　号	故　障　设　置	选　取　原　则
1	油箱内无油或油量不足	
2	低压油路有空气	
3	低压油路管路接头松动	在所列故障中 1、2、3、4、5 项中任选两项，或从 6、7 项中任选一项
4	油门拉杆处于不供油位置	
5	高压油管中有空气	
6	供油正时不正确	
7	怠速过低	

3. 考试要求

懂得排除柴油机起动困难的故障，故障排除成功后要求写排故报告。柴油机起动困难排故步骤和技术要求如下。

排 故 步 骤	操 作 内 容	技 术 要 求
1	检查各连接线路接头是否松动，油箱有无柴油	各接头要求紧固，按要求加满柴油
2	起动柴油机三次	若不成功即为起动困难
3	检查高低压管路接头是否松动	按要求紧固
4	检查低压油路是否有空气	排尽空气
5	检查高压油路是否有空气	排尽空气
6	检查柴油机供油是否正时	按要求调整柴油机供油正时
7	检查柴油机怠速是否过低	按产品说明书要求调整怠速

作业表

表一　柴油机起动不着火的故障诊断与排除实训记录表

姓名：_____ 学号：_____ 班级：_____

考核要求：

（1）根据柴油发动机起动不着火的故障现象，经分析，查找出故障原因；

（2）排除柴油发动机起动不着火的故障。

考核时间：35分钟

故 障 部 位	故 障 原 因	排 除 方 法	处 理 意 见

表二　柴油机起动不着火的故障诊断与排除实训报告

姓名：_____ 学号：_____ 班级：_____

发动机型号		时　间		地　点	
实训内容					
工具使用情况					
实训操作要领					
收获与体会					
建议与要求					
教师评价（签名）					

表三　柴油机起动不着火的故障诊断与排除实训成绩评定表

姓名：_____　学号：_____　班级：_____

考核要求：

(1) 根据柴油发动机起动不着火的故障现象，经分析，查找出故障原因；

(2) 排除柴油发动机起动不着火的故障。

考核时间：35 分钟

序号	考核内容	配分	评分标准	评分记录	扣分	得分
1	正确使用工具仪器	4	使用错误扣 4 分			
			使用不当酌情扣分			
2	根据起动机工作故障现象,分析故障原因	10	检查方法错误扣 3 分			
			检查程序错误扣 3 分			
			检查结果错误扣 4 分			
3	明确故障部位（口述）	2	不能确定故障部位扣 2 分			
4	排除柴油发动机不着火的故障	7	不能排除扣 7 分			
			不能完全排除故障酌情扣分			
			自制一处故障扣 3 分			
5	验证排除效果	3	不进行验证扣 3 分			
6	遵守安全操作规程，正确使用工量器具，操作现场整洁	4	每项扣 1 分，扣完为止			
	安全用电，防火，无人身、设备事故		因违规操作发生重大人和设备事故，此题按 0 分计			
7	分数总计	30				
从　时　分　至　时　分　共　　分钟						
评分人：　　　年　月　日			核分人：　　　年　月　日			

技术标准：

(1) 在环境温度不低于-5℃时，按原厂规定电压的蓄电池或外电源，用起动机应能顺利起动发动机；

(2) 在正常温度下，起动时间不得超过 5s。

实训项目 4: 曲轴位置传感器的检测与更换

实训目标

 知识目标

1. 熟悉曲轴位置传感器的结构原理。
2. 会读曲轴位置传感器相关电路图。
3. 正确规范更换曲轴位置传感器。
4. 能正确分析曲轴位置传感器相关故障的现象。

能力目标

1. 能在实车上指出曲轴位置传感器的安装位置。
2. 会曲轴位置传感器的元件检测。
3. 会正确利用工具进行曲轴位置传感器的更换。

 情感目标

1. 体验安全生产规范，遵守操作规程，感受工作的乐趣。
2. 在项目学习中逐步养成自主学习新知识、新技术的良好习惯。
3. 在操作学习中不断积累实训工作经验，从个案中寻找共性。

实训任务

 任务要求

要求正确使用扳手、起子、万用表、试灯等工量器具，以及故障诊断仪等诊断设备，检查判断曲轴位置传感器的性能状况，并完成曲轴位置传感器的更换任务。

会正确利用万用表诊断曲轴位置传感器。

能正确使用故障诊断仪读取故障码及数据流等相关信息并分析故障原因。

能按照操作步骤规范完成曲轴位置传感器的更换任务。

完成检查更换作业后，柴油机能正常工作。

作业时间：30分钟。

情境创设

某修理厂一台柴油车故障现象是"柴油机无法起动或起动困难"，教师指导学生读取故障码显示曲轴位置传感器相应的故障信息，要求学生进一步诊断曲轴位置传感器的性能好坏，并引导学生按汽修厂的工作过程完成曲轴位置传感器的更换操作，从而在完成任务的过程中学习曲轴位置传感器的检修诊断技能和更换操作工作，以及相关的理论知识。

教学资料准备：柴油机、曲轴位置传感器检修资料等。

相关知识准备

1. 曲轴位置传感器的种类？现在操作发动机安装的曲轴位置传感器属于哪种类型？

2. 曲轴位置传感器通常安装在发动机上哪个位置？它的作用是什么？

3. 曲轴位置传感器的 2 个接线端分别是_____和_____。3 个接线端分别是_____、_____和_____。对应线束颜色分别为_____、_____和_____。

（a）剖面图一　　　　　　　（b）实物图　　　　　　　（c）剖面图二

曲轴位置传感器

4. 曲轴位置传感器接插器端引线通断测量：

1 号线电压正常值为_____V，你在实训中实测电压值为_____V，说明该端子到 ECU 端之间的线路是　□　正常，□　断路。（√填写）

2 号线电压正常值为_____V。你在实训中实测电压值为_____V，说明该端子到 ECU 端之间的线路是□　正常，□　断路。（√填写）

5. 元件检测：曲轴位置传感器电阻值（常温下）正常为_____Ω。你在实训中实测电阻值为_____Ω，说明该曲轴位置传感器□　完好，□已损坏。（√填写）

6. 曲轴位置传感器安装间隙值_____mm。

实训实施及步骤

图　　示	步骤及操作要求
1. 曲轴位置传感器的检查	
	（1）打开点火开关到 ON 挡。
	（2）检查发动机故障指示灯应常亮。
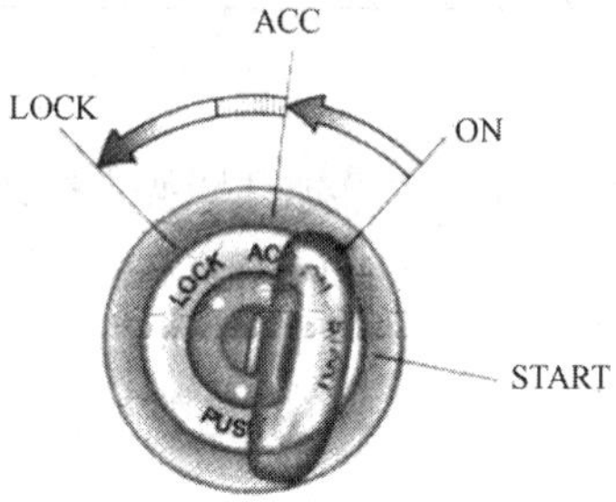	（3）起动发动机，打到 START 挡。 应知应会：起动时间不应超过_____s，连续起动间隔时间_____s 以上。
	（4）观察发动机故障指示灯，若指示灯熄灭，表示发动机电子控制系统正常；若指示灯常亮，则表示发动机电子控制系统存在故障，应进行下一步检测。 （5）关闭点火开关。

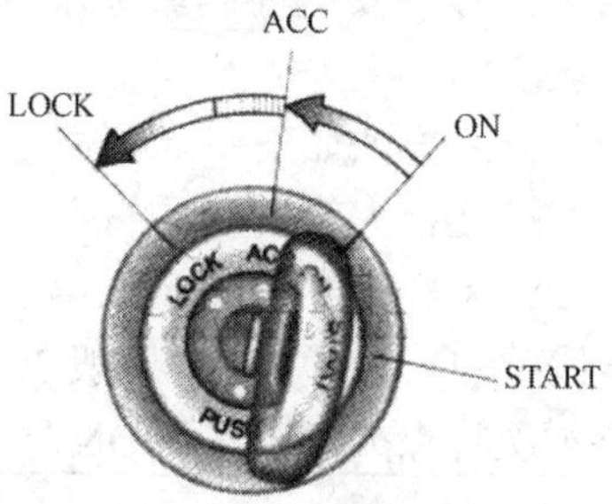

图　示	步骤及操作要求
	（6）连接发动机故障诊断仪。 　连接提示：连接器端红色线为电源线；白色线为接地线；黄色线为信号线；在汽车诊断接头端查找相应的端子连接； 　通常诊断接头安装在驾驶室左下方，或者副驾驶室的下方。 　诊断线判断方法如下。 　搭铁线：连接大梁。 　电源线：常电 24V 左右。 　信号线：受点火开关控制，一般 20V 左右。 （7）再次将点火开关开到 ON 挡。
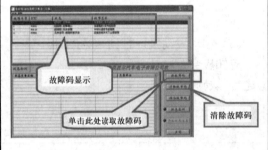 界面 1	（8）开启发动机故障诊断仪软件，进行如下操作： 　界面 1：单击打开故障诊断程序软件，打开后进入界面 1。
 界面 2	界面 2：单击"读取故障码"按钮，进入界面 2；上方栏目显示当前读取的故障码，维修结束后，单击"清除故障码"按钮；再次读取故障码，查看是否仍有故障码存在。
界面 3	界面 3：对于需要保存的故障码，方便以后分析用，单击"保存故障码"按钮，进入界面 3，就会弹出对话框，修改文件名后，以电子表格的形式保存到指定的路径下。

图　　示	步骤及操作要求
 打开后即可看到原来的故障码。 界面 4	界面 4：如果想调看以往保存的故障信息，可以找到指定的路径下，选中该文件，打开后便可查看原来的故障码，见界面 4。
 选择完毕 状态监测 界面 5	界面 5：监测车辆的动态数据，选择"状态监测"按钮，见界面 5，就会弹出对话框，按住 Ctrl 键，选择需要监测的内容，最多可选 20 项，然后单击"选择完毕"按钮。
 保存配置 界面 6	界面 6：选择"保存配置"按钮，然后弹出对话框，输入文件名选择保存按钮，就会将选中的内容保存到指定的路径下，以备后期使用时调出来。
载入配置 界面 7	界面 7：单击"载入配置"按钮，然后弹出对话框，选择需要载入的文件，就会将选中的文件内容打开。

图　示	步骤及操作要求
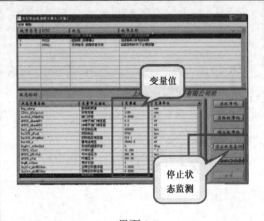 界面 8	界面 8：状态监测，起动发动机，单击"状态监测"按钮，并单击"选择完毕"按钮即可查看当前发动机运行状态下，各参数的变化值，与标准值对比是否在规定的范围内，判断分析故障的原因。结束单击"停止状态监测"按钮即可。
 界面 9	界面 9：为了分析发动机故障，可单击"开始数据采集"按钮，以收集发动机当前状态变量值，以便准确分析故障。
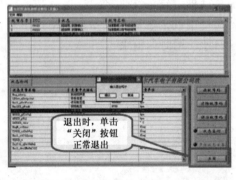 界面 10	界面 10：退出软件操作时，单击"关闭"按钮。
以博士系统为例 	故障码	闪码	故障码解释
---	---	---
P0335/ P0336	143	曲轴位置信号故障 （信号丢失/信号错误）
P0016	144	凸轮相位/曲轴位置信号不同步		（9）根据故障代码提示信息查找维修资料，并记录相关维修诊断信息。 （10）关闭点火开关。

图　示	步骤及操作要求
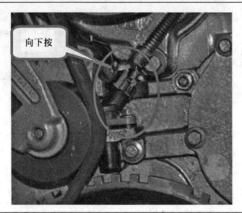向下按	（11）断开曲轴位置传感器连接器；轻轻向下按压接插器锁扣，轻晃几下便可拔出。 （12）打开点火开关，起动发动机。

（13）用万用表电压挡测量连接器 1 号端子和 2 号端子电压。

应知应会：将万用表调整到＿＿＿＿＿＿（直流、交流）电压的＿＿＿＿＿＿V 量程位置，用红、黑表笔分别接触连接器的正、负极桩测量。

若电压值符合规定值，则进行 A 步检测；若电压值不符合规定值，则进行 B 步检测；若以上检测结果均正常，则进行 C 步操作：

A．用万用表电阻挡测量曲轴位置传感器元件的 1 号端子和 2 号端子电阻，若符合规定值，则检查接插器连接是否良好，若不符合规定值，则更换曲轴位置传感器。

B．断开蓄电池负极，断开 ECU 接插器，用万用表通断挡测量 1 号端子和 2 号端子与发动机控制模块（ECM）对应端的通/断，若显示断路则检查相应线束的断路。

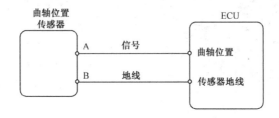

应知应会：在使用万用表通断挡测量前，可将万用表两表棒相互碰触，来检验该量程处于正确工作状态，鸣响为＿＿＿＿＿＿（正常、不正常），否则更换万用表。

C．更换发动机控制模块。

2．曲轴位置传感器的拆卸

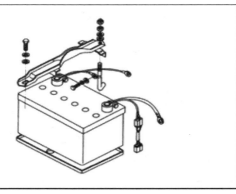	（1）断开蓄电池负极电缆。 **应知应会**：断开蓄电池负极电缆前，必须先检查点火钥匙是否处于□ON □ACC □LOCK 位置（√填写），并且所有电器负载必须关闭，否则可能伤人或损坏车辆。 （2）断开曲轴位置传感器连接器。

图　　示	步骤及操作要求
	（3）拆下曲轴位置传感器的固定螺栓。 **应知应会：**通常曲轴位置传感器安装在飞轮壳上。 （4）从飞轮壳上轻轻转动并取出曲轴位置传感器。

3．曲轴位置传感器的安装

	（1）轻轻转动曲轴位置传感器并插入壳体内。 **应知应会：**安装前，建议新件的密封胶圈涂一层润滑油。
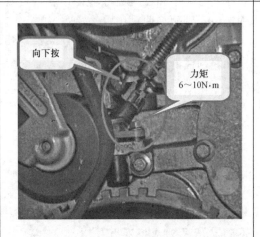	（2）安装曲轴位置传感器固定螺栓，按照维修手册规定力矩扭紧。 **应知应会：**力矩 6～10N·m。 （3）连接曲轴位置传感器的连接器。 （4）连接蓄电池负极电缆。

4．复检

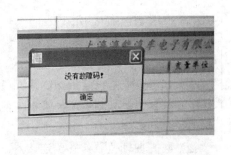	（1）打开点火开关至 ON 挡，观察发动机故障指示灯应常亮。 （2）起动发动机，观察发动机故障指示灯应熄灭。 （3）接发动机故障诊断仪，进入柴油机发动机控制模块。 （4）清除故障码，然后每次读取故障码，显示应为"系统正常"。

知识拓展

1. 玉柴 6J 发动机博士共轨系统组件安装位置

玉柴 6J 发动机博士共轨系统组件安装位置介绍如下。

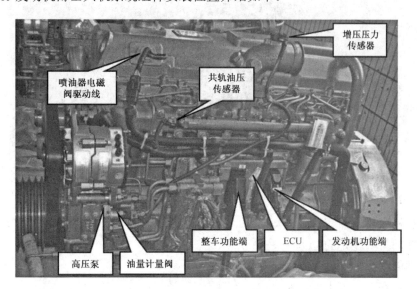

玉柴 6J 发动机博士共轨系统安装位置一

玉柴 6J 发动机博士共轨系统安装位置二

2. BOSCH 公司 EDC7UC31 型号 ECU

BOSCH 公司 EDC7UC31 型号 ECU 外形图如下图所示。

1）特性参数

（1）工作环境：−30～105℃（安装在发动机上时要求燃油冷却）。

（2）工作电压：24V（9～32V）。

（3）接插件：141Pins（16+36+89）。

（4）尺寸：248mm×206mm×54mm。

（5）ECU 壳体要求与车身绝缘良好。

（6）ECU 的 8 个固定螺栓扭矩：10±2N·m。

整车功能接插器

传感器接插器

执行器接插器

BOSCH 公司 EDC7UC31 型号 ECU 外形图

2）优点

（1）结构紧凑、兼容性好。

（2）低功耗，稳定的 I/O。

（3）功能强大的微处理器，容量大。

（4）安装在发动机上振动小。

（5）经过热冲击、低温、防水、化学、盐腐蚀、振动、机械冲击和 EMC 试验。

3）整车功能接插件引脚的定义

整车功能接插件引脚图如下图所示。各引脚的定义如下表所示。

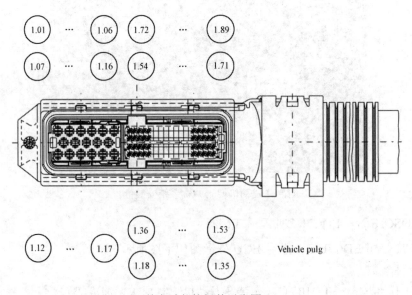

整车功能接插件引脚图

各引脚定义表

线　号	定　义	线　号	定　义
1.34	CAN 通信高	1.64	巡航控制，"减速"
1.35	CAN 通信低	1.65	扭矩限制信号低端
1.36	燃油加热控制	1.66	离合器开关
1.37	发动机起动继电器控制高端	1.70	车速信号低端
1.36	冷起动指示灯	1.71	车速信号高端
1.39	水传感器指示灯	1.72	诊断请求开关
1.40	点火开关	1.74	巡航控制，"关闭"
1.41	刹车开关 1#	1.76	2#油门传感器低端
1.42	空调请求开关	1.77	1#油门传感器高端
1.43	水传感器	1.78	1#油门传感器低端
1.47	发动机停止开关	1.79	1#油门传感器信号端
1.48	低怠速开关高端	1.48	低怠速开关高端
1.49	刹车开关 2#	1.80	2#油门传感器信号端
1.5	发动机起动继电器控制低端	1.84	2#油门传感器高端
1.55	预热装置继电器控制线高端	1.85	空挡开关
1.59	预热装置继电器控制线低端	1.87	曲轴传感器信号输出
1.61	起动机控制端	1.88	凸轮传感器信号输出
1.6	扭矩限制信号高端	1.89	K 线

4）传感器接插件引脚的定义

传感器接插件引脚图如下图所示。引脚定义表如下表所示。

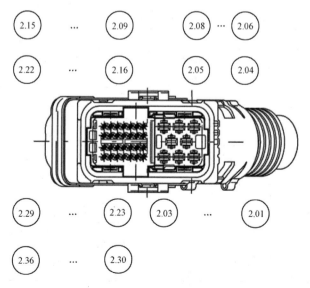

传感器接插件引脚图

引脚定义表

线　号	定　义	线　号	定　义
2.03	电源输出（24V）	2.14	共轨油压传感器信号端
2.04	燃油加热继电器控制高端	2.15	冷却水温传感器高端
2.05	燃油加热继电器控制低端	2.26	冷却水温传感器低端
2.06	排气制动碟阀控制	2.19	凸轮轴传感器低端
2.11	空调压缩机继电器控制	2.23	凸轮轴传感器高端
2.09	曲轴传感器信号高端	2.25	增压压力传感器低端
2.10	曲轴传感器信号低端	2.33	增压压力传感器高端
2.12	共轨油压传感器低端	2.34	增压压力传感器信号端
2.13	共轨油压传感器高端	2.36	增压温度传感器信号端

5）执行器接插件引脚的定义

执行器接插件引脚图如下图所示。引脚定义表如下表所示。

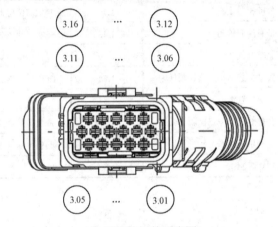

执行器接插件引脚图

引脚定义表

线　号	定　义	线　号	定　义
3.04	第一缸喷油器驱动高端	3.10	油量计量阀驱动低端
3.13	第一缸喷油器驱动低端	3.09	油量计量阀驱动高端
3.06	第二缸喷油器驱动高端	3.04	第一缸喷油器驱动高端
3.11	第二缸喷油器驱动低端	3.13	第一缸喷油器驱动低端
3.05	第三缸喷油器驱动高端	3.02	第二缸喷油器驱动低端
3.12	第三缸喷油器驱动低端	3.15	第二缸喷油器驱动高端
3.03	第四缸喷油器驱动高端	3.01	第三缸喷油器驱动高端
3.14	第四缸喷油器驱动低端	3.16	第三缸喷油器驱动低端
3.01	第五缸喷油器驱动高端	3.05	第四缸喷油器驱动高端
3.16	第五缸喷油器驱动低端	3.12	第四缸喷油器驱动低端
3.02	第六缸喷油器驱动高端		红色部分为四缸机
3.15	第六缸喷油器驱动低端		

3. 曲轴位置传感器的工作原理

博世共轨系统使用电磁式曲轴位置传感器。在曲轴上安装着触发轮（或称信号盘），信号轮上有 60-2=58 个齿。除去 2 个齿，留下的大齿隙相应于第一缸中的活塞位置。曲轴位置传感器由永久磁铁和铁芯组成。由于齿和齿隙交替越过传感器，其内的磁通量发生变化，感应出一个交流电压，交流电压随转速的上升而增大。

电磁式曲轴位置传感器不需要外加电源，永久磁铁起着机械能转变为电能的作用。曲轴转两圈（720°），各缸发火一次。对于 4 缸发动机，发火间隔为 180°，也就是曲轴位置传感器在两次发火间隔之间越过 30 个齿。由转速传感器越过齿轮时间内的平均曲轴转数可以求出曲轴位置，曲轴位置传感器信号输入 ECM，ECM 根据此信号控制喷油始点和喷油量。

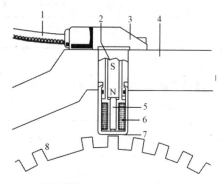

1—屏蔽的电缆；2—永磁铁；3—传感器外壳；
4—安装支架；5—软磁铁芯；6—线圈；
7—空气间隙；8—带参考记号的齿环

转速传感器

作业表

表一　曲轴位置传感器检测与更换实训记录表

姓名：_____ 学号：_____　班级：_____

要求：

（1）检测曲轴位置传感器的性能；

（2）更换曲轴位置传感器，使之符合技术标准。

考核时间：30 分钟

检 测 项 目	检 测 结 果	技 术 标 准	判 断 结 论	教 师 复 查
曲轴位置传感器电阻值（常温下）		$R_w=860\Omega\pm10\%@20℃$		
曲轴位置传感器接插件 1 号和 2 号端子电压				
1 号端子与 ECM 对应端子通/断				
2 号端子与 ECM 对应端子通/断				

表二　曲轴位置传感器检测与更换实训报告

姓名：＿＿＿＿＿　学号：＿＿＿＿＿＿＿　班级：＿＿＿＿＿＿＿＿＿＿

发动机型号		时　　间		地　　点	
实训内容					
工具使用情况					
实训操作要领					
收获与体会					
建议与要求					
教师评价（签名）					

表三　曲轴位置传感器检测与更换实训成绩评定表

姓名：＿＿＿＿＿　学号：＿＿＿＿＿＿＿　班级：＿＿＿＿＿＿＿＿＿＿

序号	作业项目	考核内容	配分	评分标准	评分记录	扣分	得分
1	故障分析仪就车检测	（1）故障诊断仪的正确使用 （2）检测结果的正确性	15	检测方法不正确扣 5 分 检测仪器使用不正确扣 3 分 检测诊断接头选择不正确扣 2 分 检测结果不正确扣 5 分			
2	元件检测	（1）元件电阻值 （2）接插件 1 号和 2 号的电压值 （3）接插件与 ECU 的连线通/断	10	检测方法不正确扣 2 分 检测结果不正确每项扣 2 分			
3	拆装	（1）拆卸的步骤清晰 （2）安装步骤有序 （3）安装方法正确	10	拆卸操作不正确扣 3 分 安装步骤不正确扣 3 分 安装方法不符合要求技术标准扣 4 分			
4	安全文明生产	遵守安全操作规程，正确使用工量具，操作现场整洁	5	每项扣 1 分，扣完为止			
		安全用电，防火，无人身，设备事故		因违规操作发生重大人身和设备事故，此题按 0 分计			
5	分数合计		40				

时间从　　时　　分至　　时　　分　共　　分钟

评分人：　　　　年　月　日　　　核分人：　　　　年　月　日

技术标准：

曲轴位置传感器性能参数如下。

可变磁阻式（VR），安装于飞轮壳上或齿轮室处。

两个输出端子。

空气间隙：0.5～1.5mm。

输出电压≥1650mV@1.8mm，416r/min±1%。

静态电阻值：$R_w = 860\Omega \pm 10\%$ @ 20℃。

线圈阻抗随温度变化关系：$k = 1 + 0.004\,(t_w - 20℃)$；$R_w = f(t_w) = R_w\,(20℃) \times k$。

感应系数：370±60mH @ 1kHz。

工作环境：–40～120℃。

安装螺栓：M6×12，扭矩：8±2N·m。

传感器长度。

总长度：67.9±1mm。

传感器直径：17.6～17.95mm。

实训项目 5: 增压压力传感器的检测与更换

实训目标

知识目标

1. 熟悉增压压力传感器的结构原理及作用。
2. 会读增压压力传感器相关电路图。
3. 正确规范更换增压压力传感器。

能力目标

1. 能在实车上指出增压压力传感器的安装位置。
2. 会利用工量具进行增压压力传感器的检测。
3. 会正确利用工具进行增压压力传感器的更换。

情感目标

1. 体验安全生产规范，遵守操作规程，感受工作的乐趣。
2. 在项目学习中逐步养成自主学习新知识、新技术的良好习惯。
3. 在操作学习中不断积累实训工作经验，从个案中寻找共性。

实训任务

任务要求

要求正确使用扳手、起子、万用表、试灯等工量器具及故障诊断仪等诊断设备，检查判断增压压力传感器的性能状况，并完成增压压力传感器的更换任务。

会正确利用万用表进行增压压力传感器的诊断。

能正确使用故障诊断仪读取故障码及数据流等相关信息并分析故障原因。

能按照操作步骤规范完成增压压力传感器的更换任务。

完成检查更换作业后，柴油机能正常工作。

作业时间：20分钟。

情境创设

某修理厂一台柴油车故障现象是"怠速不良、起动不容易或起动后发动机易熄火"，教师指导学生读取故障码显示增压压力传感器的相关故障信息，要求学生进一步检测增压压力传感器的性能好坏，并引导学生按汽修厂的工作过程完成增压压力传感器的更换操作，从而在完成任务的过程中学习增压压力传感器的检修诊断技能和更换操作工作，以及相关的理论知识。

教学资料准备：柴油机、增压压力传感器检修手册等。

相关知识准备

1. 增压压力传感器通常安装在发动机上哪个位置？它的作用是什么？

2. 增压压力传感器的4个接线端分别是温度信号线、_____、_____、_____和_____。分别对应线束颜色：1号线_____；2号线_____；3号线_____；4号线_____。

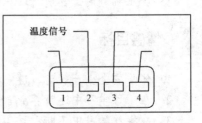

(a) 实物图一　　　　　(b) 实物图二　　　　　(c) 示意图

增压压力传感器

3. 增压压力传感器接插器端引线通/断测量：

用万用表直流电压挡检查电压时，打开点火开关，测量传感器搭铁 1 端子和电源 3 端子间电压标准值为 5V 左右，你在实训中实测电压值＿＿＿＿＿＿＿V，说明该端子到 ECU 端子间的线路是　　□ 正常，□ 断路。（√填写）。

当打开点火开关，发动机不运转，测量增压压力传感器信号输出端子 4 与搭铁 1 端子间电压，标准值应为 3.8～4.2V；你在实训中实测电压值＿＿＿＿＿＿＿V，说明该端子到 ECU 端之间的线路是　□ 正常，□ 断路。（√填写）。当发动机怠速运转时，信号电压应为 0.8～1.3V；当加大油门，信号电压应上升。你在实训中实测电压值＿＿＿＿＿＿＿V，随着加大油门，信号电压的变化　□ 上升，□不变。（√填写）。如果信号电压经检查不符合上述规定，说明传感器已经损坏，应更换。

4. 增压压力传感器安装方向要求＿＿＿＿＿＿＿＿＿＿＿＿＿＿＿＿＿＿＿＿＿＿＿。

实训实施及步骤

图　　示	步骤及操作要求
1. 增压压力传感器的检查	
第 1～8 步操作参照曲轴位置传感器操作示意图操作。	（1）打开点火开关到 ON 挡。 （2）检查发动机故障指示灯应常亮。 （3）起动发动机，打到 START 挡。 （4）观察发动机故障指示灯，若指示灯熄灭，表示发动机电子控制系统正常；若指示灯常亮，则表示发动机电子控制系统存在故障，应进行下一步检测。 （5）关闭点火开关。 （6）连接发动机故障诊断仪。 （7）再次将点火开关开到 ON 挡。 （8）开启发动机故障诊断仪软件，进行检测操作，操作步骤参照曲轴转速传感器的检测步骤。
博士共轨系统 { 故障码表 }	（9）根据故障代码提示信息查找维修资料，并记录相关维修诊断信息，以博士共轨系统为例，见左表。

博士共轨系统

故　障　码	闪　　码	故障码解释
P0235/ P0236/ P0237/ P0238	46	增压压力传感器信号故障（CAN 信号/不合理/超低限/超高限）

图　　示	步骤及操作要求
	（10）关闭点火开关。 （11）断开增压压力传感器连接器。
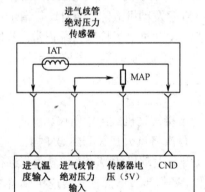	（12）打开点火开关，起动发动机。 （13）用万用表电压挡测量连接器各端子电压。 **应知应会**：将万用表调整到_____（直流、交流）电压挡的_____V量程位置，用红、黑表笔分别接触连接器的正、负极柱测量。若电压值符合规定值，则进行 A 步检测；若电压值不符合规定值，则进行 B 步检测；若以上检测结果均正常，则进行 C 步操作。 A．连接好接插器，并用大头针背插接插器，用万用表电压挡____20V____测量加速踏板位置传感器元件的信号端子电压，随着发动机转速的升高而增大，若符合，则检查接插器连接是否良好，若不符合，则更换增压压力传感器。 B．断开蓄电池负极，断开 ECU 接插器，用万用表通/断挡测量 1、2、3、4 端子与发动机控制模块（ECM）对应端的通/断，若显示断路则检查相应线束的断路。 **应知应会**：在使用万用表通/断挡测量前，可将万用表两表棒相互碰触，来检验该量程处于正确工作状态，鸣响为_____（正常、不正常），否则更换万用表。 C．更换发动机控制模块。

图　　示	步骤及操作要求
2. 增压压力传感器的拆卸	
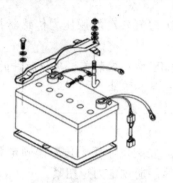	（1）断开蓄电池负极电缆。 **应知应会：**断开蓄电池负极电缆前，必须先检查点火钥匙是否处于□ON □ACC □LOCK 位置（√填写），并且所有电器负载必须关闭，否则可能伤人或损坏车辆。
	（2）断开增压压力传感器连接器。
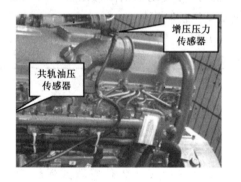	（3）拆下增压压力传感器的固定螺栓。 **应知应会：**通常增压压力传感器安装在进气歧管上。
	（4）松开增压压力传感器的固定螺钉，从发动机上轻轻转动并取出增压压力传感器。

图　　示	步骤及操作要求
3．增压压力传感器的安装	
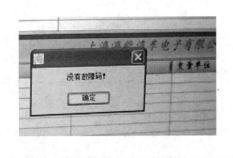 增压压力传感器	（1）轻轻转动增压压力传感器并插入壳体内。 **应知应会**：安装前，建议新件的密封胶圈涂一层润滑油。
增压压力及温度传感器	（2）安装增压压力传感器固定螺栓，按照维修手册规定力矩扭紧。 **应知应会**：力矩6～10N·m。 （3）连接增压压力传感器的连接器。 （4）连接蓄电池负极电缆。
4．复检	
没有故障码！　确定	（1）打开点火开关至ON挡，观察发动机故障指示灯应常亮。 （2）起动发动机，观察发动机故障指示灯状况，应熄灭。 （3）连接发动机故障诊断仪，进入柴油机发动机控制模块。 （4）单击"清除故障码"按钮，然后再次读取故障码，系统显示"没有故障码"。

知识拓展

1. 增压压力传感器的工作原理

进气歧管压力传感器又叫做进气增压压力传感器（增压压力传感器或涡轮增压传感器）。

进气歧管压力传感器提供的电信号用于检查增压压力。发动机ECM将测量值与增压压力设定值进行比较。如果实际值与设定值不符，ECM将通过电磁阀调整增压压力，实现增压压力控制。

当驾驶员踏下油门踏板要求增加喷油量时，ECM将检查涡轮增压压力所要求的喷油量是否相适应，如果不适应，ECM将按照涡轮增压压力成一定比例地控制喷油量，以免喷油量过大导致不完全燃烧，防止废气排放超标。ECM还根据进气歧管压力传感器、机油温度传感器和进气温度传感器输入的信号防止在冷机起动时发动机冒白烟。

进气歧管压力传感器和进气歧管温度传感器制成一体，安装在进气管上。半导体压敏电阻式进气歧管压力传感器由硅膜片、真空室、硅杯、底座、真空管接头和引线组成。

硅膜片用单晶硅制成，它是压力转换元件。硅膜片的长和宽约为 3mm，厚度约为 160μm，在硅膜片的中部经光刻腐蚀成直径 2mm、厚度为 50μm 的薄膜片。在薄膜片的圆周上有四个应变电阻，用惠斯通电桥方式连接。然后再与传感器内部的温度补偿电阻和信号放大电路混合集成电路连接。

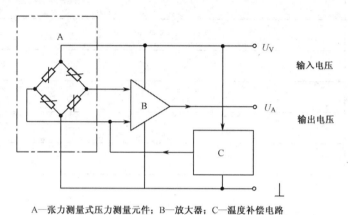

A—张力测量式压力测量元件；B—放大器；C—温度补偿电路

增压压力传感器的工作原理

作业表

表一　增压压力传感器检测与更换实训记录表

姓名：_____ 学号：_____ 班级：_____

要求：

（1）检测增压压力传感器的性能；

（2）更换增压压力传感器，使之符合技术标准。

考核时间：20 分钟

检 测 项 目	检 测 结 果	技 术 标 准	判 断 结 论	教 师 复 查
增压压力传感器 1 号端子和 2 号端子电阻值（常温下）		温度 20℃下，电阻值 2.5kΩ±5%		
增压压力传感器接插件搭铁和电源端子间电压		5V 左右		
静态下，增压压力传感器接插件搭铁和信号端子间电压		标准值应为 3.8～4.2V		
动态下（接插器安装到位的情况下），增压压力传感器接插件搭铁和信号端子间电压		发动机不同工况下，输出的电压值范围（0.3±0.5）～（4.8±0.5）V		

表二　增压压力传感器检测与更换实训报告

姓名：_____　学号：_____　班级：_____

发动机型号		时　间		地　点	
实训内容					
工具使用情况					
实训操作要领					
收获与体会					
建议与要求					
教师评价（签名）					

表三　增压压力传感器检测与更换实训成绩评定表

姓名：_____　学号：_____　班级：_____

序号	作业项目	考核内容	配分	评分标准	评分记录	扣分	得分
1	故障分析仪就车检测	（1）故障诊断仪的正确使用 （2）检测结果的正确性	15	检测方法不正确扣5分			
				检测仪器使用不正确扣3分			
				检测诊断接头选择不正确扣2分			
				检测结果不正确扣5分			
2	故障检测	（1）接插件搭铁和信号间的电压值，记录动态变化值 （2）接插件搭铁和电源间的电压值 （3）接插件各接线端与ECU的连线通/断	10	检测方法不正确扣2分			
				检测结果不正确每项扣2分			
3	拆装	（1）拆卸的步骤清晰 （2）安装步骤有序 （3）安装方法正确	10	拆卸操作不正确扣3分			
				安装步骤不正确扣3分			
				安装方法不符合要求技术标准扣4分			
4	安全文明生产	遵守安全操作规程，正确使用工量具，操作现场整洁	5	每项扣1分，扣完为止			
		安全用电，防火，无人身，设备事故		因违规操作发生重大人身和设备事故，此题按0分计			
5	分数合计		40				

时间从　　时　　分至　　时　　分　共　　分钟

评分人：　　　年　月　日　　　核分人：　　　年　月　日

技术标准：

增压压力及温度传感器。

集成进气温度传感器和压力传感器。

工作温度范围：−40～130℃。

工作压力范围：50～400kPa。

输出电压：（0.3±0.5）～（4.8±0.5）V。

方向：带有密封圈的气孔向下（在垂直方向±60°内）。

安装螺栓：M5拧紧力距6～10N·m。

温度20℃下，电阻值2.5kΩ±5%。

1号端子和4号端子间电压标准值应为3.8～4.2V。

1号端子和3号端子间电压标准值应为5V左右。

实训项目 6: 冷却液温度传感器的检测与更换

实训目标

知识目标

1. 熟悉冷却液温度传感器的结构原理。
2. 会读冷却液温度传感器相关电路图。
3. 正确规范更换冷却液温度传感器。

能力目标

1. 能在实车上指出冷却液温度传感器的安装位置。
2. 会利用工量具进行冷却液温度传感器的性能判断。
3. 会正确利用工具进行冷却液温度传感器的更换。

情感目标

1. 体验安全生产规范，遵守操作规程，感受工作的乐趣。
2. 在项目学习中逐步养成自主学习新知识、新技术的良好习惯。
3. 在操作学习中不断积累实训工作经验，从个案中寻找共性。

实训任务

任务要求

要求正确使用扳手、起子、万用表、试灯等工量器具以及故障诊断仪等诊断设备，检查判断冷却液温度传感器的性能状况，并完成冷却液温度传感器的更换任务。

会正确利用万用表进行冷却液温度传感器的诊断。

能正确使用故障诊断仪读取故障码及数据流并分析故障原因。

能按照操作步骤规范完成冷却液温度传感器的更换。

完成检查更换作业后，柴油机能正常工作。

作业时间：30分钟。

情境创设

某修理厂一台柴油车故障现象是"起动困难，怠速不稳、水温易高，排气冒黑烟及收油门易熄火"，教师指导学生读取故障码显示冷却液温度传感器的相关故障信息，要求学生进一步检测冷却液温度传感器的性能好坏，并引导学生按汽修厂的工作过程完成冷却液温度传感器的更换操作，从而在完成任务的过程中学习冷却液温度传感器的检修诊断技能和更换操作技能，以及相关的理论知识。

教学资料准备：柴油机、冷却液温度传感器检修手册等。

相关知识准备

1. 现在操作发动机安装的冷却液温度传感器属于哪种类型？

□ 正温度系数热敏电阻式；　　□ 负温度系数热敏电阻式；　　（√填写）。

2. 冷却液温度传感器通常安装在发动机上哪些位置？它的作用是什么？

3. 冷却液温度传感器（见下图）的2个接线端分别是＿＿＿＿＿＿＿＿＿＿＿和＿＿＿＿＿＿＿＿＿＿＿。分别对应线束颜色：1号线＿＿＿＿＿＿＿＿＿＿；2号线＿＿＿＿＿＿＿＿＿＿。

（a）实物图一

（b）实物图二

发动机控制模块
ECM
（c）示意图

冷却液温度传感器

4. 冷却液温度传感器接插器端引线通/断测量：

用万用表直流电压挡检查电压时，打开点火开关，测量传感器1号和2号端子间电压标准值为5V左右，你在实训中实测电压值＿＿＿＿＿＿＿V，说明该端子到ECU端之间的

线路是 □ 正常，□ 断路。（√填写）。

5．元件检测：

冷却液温度传感器电阻值（常温下）正常为＿＿＿＿＿＿＿＿＿＿＿Ω。你在实训中实测电阻值＿＿＿＿＿Ω，说明该冷却液温度传感器 □ 完好，□ 已损坏。（√填写）。

发动机起动后，随着水温上升，冷却液温度传感器电阻值 □ 增大，□ 减小。（√填写），说明该温度传感器是 □ 正，□负 （√填写）温度系数热敏电阻。

实训实施及步骤

图　　示	步骤及操作要求
1．冷却液温度传感器的检查	
第（1）～（8）步操作参照曲轴位置传感器操作示意图操作。	（1）打开点火开关到 ON 挡。 （2）检查发动机故障指示灯应常亮。 （3）起动发动机，打到 START 挡。 **应知应会：**起动时间不应超过＿＿s，连续起动间隔时间＿＿s。 （4）观察发动机故障指示灯，若指示灯熄灭，表示发动机电子控制系统正常；若指示灯常亮，则表示发动机电子控制系统存在故障，应进行下一步检测。 （5）关闭点火开关。 （6）连接发动机故障诊断仪。 （7）再次将点火开关开到 ON 挡。 （8）开启发动机故障诊断仪软件，进行检测操作，操作步骤参照曲轴转速传感器的检测步骤。

博士共轨系统

故障码	闪码	故障码解释
P0116	53	冷却水温信号动态测试不合理
P0116	54	冷却水温信号绝对测试不合理
P2556/ P2557/ P2558/ P2559	55	冷却液位传感器信号范围故障 （超高限/超低限/开路/不合理）
P0115/ P0116/ P0117/ P0118	116	冷却水温传感器信号范围故障 （CAN 信号/不合理/超低限/超高限）
P0217	121	冷却水温超高故障

（9）根据故障代码提示信息查找维修资料，并记录相关维修诊断信息（见左表）。

（10）关闭点火开关。

图　　示	步骤及操作要求
 向下按 断开冷却液温度传感器连接器	（11）断开冷却液温度传感器连接器（见左图）。 （12）打开点火开关；
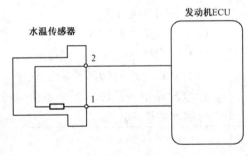 发动机ECU 水温传感器 2 1 发动机冷却液温度传感器电路 测连接器各端子电压	（13）用万用表电压挡测量连接器各端子电压（见左图）。 　**应知应会**：将万用表调整到＿＿＿＿（直流、交流）电压挡的＿＿＿＿＿V量程位置，用红、黑表笔分别接触连接器的正、负极柱测量。 　若电压值符合规定值，则进行 A 步检测； 　若电压值不符合规定值，则进行 B 步检测； 　若以上检测结果均正常，则进行 C 步操作； 　A．用万用表电阻挡＿＿＿＿＿＿＿＿＿Ω测量冷却液温度传感器元件在常温下，1 号和 2 号端子间电阻，应符合标准值，水温加热冷却液传感器，随着温度升高，电阻值应下降，若符合上述技术标准，说明传感器是好的，则检查接插器连接是否良好；若不符合规定值，则更换冷却液温度传感器。 　B．断开蓄电池负极，断开 ECU 接插器，用万用表通/断挡测量 1、2 号端子与发动机控制模块（ECM）对应端的通/断，若显示断路则检查相应线束的断路。 　**应知应会**：在使用万用表通/断挡测量前，可将万用表两表棒相互接触，来检验该量程处于正确工作状态，鸣响为＿＿＿＿＿＿＿（正常、不正常），否则更换万用表。 　C．更换发动机控制模块。

图 示	步骤及操作要求
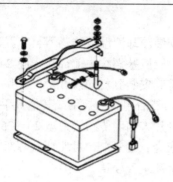 断开蓄电池负极电缆	（1）断开蓄电池负极电缆（见左图）。 **应知应会**：断开蓄电池负极电缆前，必须先检查点火钥匙是否处于　□ON　□ACC □LOCK 位置（√填写），并且所有电器负载必须关闭，否则可能伤人或损坏车辆。 （2）断开冷却液温度传感器连接器。
 拆下冷却液温度传感器的固定螺栓	（3）拆下冷却液温度传感器的固定螺栓。 **应知应会**：通常情况下冷却液温度传感器安装在发动机缸体、缸盖的水套或节温器内并伸入水套中，也有的安装在水箱上，本台发动机是安装在_____。
 从发动机上轻轻转动 并取出冷却液温度传感器	（4）从发动机上轻轻转动并取出冷却液温度传感器。

图　　示	步骤及操作要求
3．冷却液温度传感器的安装	
　涂密封胶 在水温感应塞螺纹中前部 涂一圈 242 密封胶	（1）安装冷却液温度传感器至节温器内。 　在水温感应塞螺纹中前部涂一圈 242 密封胶，并将其安装到相应螺孔上，先用手拧入 2～3 牙，然后用气动扳手或其他扳手上紧，调整好接片方向。传感器力矩 20～25N·m。 **应知应会**：安装前，对照螺纹螺距和传感器部分长度是否合适。
 安装冷却液温度传感器固定螺栓	（2）安装冷却液温度传感器固定螺栓，按照维修手册规定力矩扭紧。 **应知应会**：力矩 20～25N·m。 （3）连接冷却液温度传感器的连接器。 （4）连接蓄电池负极电缆。
4．复检	
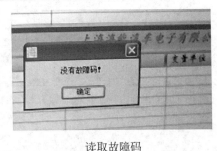 读取故障码	（1）打开点火开关至 ON 挡，观察发动机故障指示灯应常亮； （2）起动发动机，观察发动机故障指示灯状况，应熄灭； （3）连接发动机故障诊断仪，进入柴油机发动机控制模块； （4）单击"清除故障码"按钮，然后再次读取故障码，系统显示"没有故障码"。

知识拓展

　冷却液温度传感器是采用负温度系数热敏元件制成。冷却液温度传感器和发动机的暖机程度有关。通常把冷却液温度作为燃烧室表面温度和进气道壁面温度的代表，用于修正发动机的起动、暖机时的喷油量。

　冷却液温度传感器也要求采用随温度变化阻值变化较大的热敏电阻，其结构如下图所示。考虑到热传导性，通常将带导线的元件插入带螺纹的黄铜做的接头中，再用树脂材料密封。冷却液温度传感器在室温条件下其电阻值为数千欧姆。随着温度的上升，应呈现阻值减小的负温度系数热敏电阻特性。

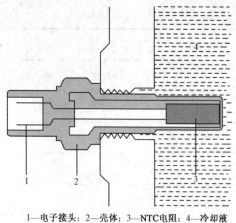

1—电子接头；2—壳体；3—NTC电阻；4—冷却液

冷却液温度传感器的结构图

冷却液温度传感器安装在发动机缸盖的冷却液接头上，检测冷却液温度，它的作用是把当前冷却液温度信号传送给 ECM，ECM 根据冷却液温度传感器信号，修正喷油量。在中高档轿车上一般采用两端子式冷却液温度传感器，低档轿车和汽车仪表采用单端子式冷却液温度传感器。

作业表

表一　冷却液温度传感器检测与更换实训记录表

姓名：_____ 学号：_____ 班级：_____

要求：

（1）检测冷却液温度传感器的性能；

（2）更换冷却液温度传感器，使之符合技术标准。

考核时间：30 分钟

检 测 项 目	检 测 结 果	技 术 标 准	判 断 结 论	教 师 复 查
冷却液温度传感器1号端子和2号端子电阻值（常温下）		2.5kΩ±6% @ 20℃；		
冷却液温度传感器1号端子和2号端子电阻值（加热后）		0.186kΩ±2% @100℃		
1 号端子与 ECM 对应端子通/断				
2 号端子与 ECM 对应端子通/断				

表二　冷却液温度传感器检测与更换实训报告

姓名：_____　学号：_____　班级：_____

发动机型号		时　间		地　点	
实训内容					
工具使用情况					
实训操作要领					
收获与体会					
建议与要求					
教师评价（签名）					

表三　冷却液温度传感器检测与更换实训成绩评定表

姓名：_____　学号：_____　班级：_____

序号	作业项目	考核内容	配分	评分标准	评分记录	扣分	得分
1	故障分析仪就车检测	（1）故障诊断仪的正确使用 （2）检测结果的正确性	15	检测方法不正确扣5分 检测仪器使用不正确扣3分 检测诊断接头选择不正确扣2分 检测结果不正确扣5分			
2	元件检测	（1）传感器1号和2号接脚的电阻值，观察电阻值随着水温动态的变化情况 （2）接插件与ECU的连线通/断	10	检测方法不正确扣2分 检测结果不正确每项扣2分			
3	拆装	（1）拆卸的步骤清晰 （2）安装步骤有序 （3）安装方法正确	10	拆卸操作不正确扣3分 安装步骤不正确扣3分 安装方法不符合要求技术标准扣4分			
4	安全文明生产	遵守安全操作规程，正确使用工量具，操作现场整洁 安全用电，防火，无人身，设备事故	5	每项扣1分，扣完为止 因违规操作发生重大人身和设备事故，此题按0分计			
5	分数合计		40				
时间从　　时　　分至　　　时　　　分　共　　　分钟							
评分人：　　　年　月　日　　　核分人：　　　　年　月　日							

技术标准：

冷却液温度传感器的性能参数如下。

热敏电阻式 NTC。

感应元件为外壳屏蔽。

工作电压：5±0.15V。

工作环境：-40℃～+140℃。

静态电阻：2.5kΩ±6% @ 20℃。

　　　　　0.186kΩ±2% @ 100℃。

传感器体材料：黄铜。

六角螺栓：19mm。

螺纹尺寸：M12×1.5。

最大允许拧紧扭矩：25 N·m。

实训项目7：加速踏板位置传感器的检测与更换

实训目标

 知识目标

1. 熟悉加速踏板位置传感器的结构原理。
2. 会读懂加速踏板位置传感器相关电路图。
3. 正确规范更换加速踏板位置传感器。

 能力目标

1. 能指出加速踏板位置传感器的安装位置。
2. 会加速踏板位置传感器的检测。
3. 会正确利用工具进行加速踏板位置传感器的更换。

 情感目标

1. 体验安全生产规范，遵守操作规程，感受工作的乐趣。
2. 在项目学习中逐步养成自主学习新知识、新技术的良好习惯。
3. 在操作学习中不断积累实训工作经验，从个案中寻找共性。

实训任务

 任务要求

　　要求正确使用扳手、起子、万用表、试灯等工量器具及故障诊断仪等诊断设备，检查判断加速踏板位置传感器的性能状况，并完成加速踏板位置传感器的更换任务。

　　会正确利用万用表诊断加速踏板位置传感器故障。

能正确使用故障诊断仪读取故障部位。

能按照操作步骤规范完成加速踏板位置传感器的更换。

完成检查更换作业后，柴油机能正常工作。

作业时间：30分钟。

情境创设

某修理厂一台柴油车故障现象是"加不起速，转速维持在1000r/min左右"，修理技师读取故障码显示加速踏板位置传感器的故障，要求学生进一步检测加速踏板位置传感器的性能好坏，并引导学生按汽修厂的工作过程完成加速踏板位置传感器的更换操作，从而在完成任务的过程中学习加速踏板位置传感器的检修诊断技能和更换操作工作，以及相关的理论知识。

教学资料准备：柴油机、加速踏板位置传感器检修资料等。

相关知识准备 _____

1. 加速踏板位置传感器通常安装在发动机上哪个位置？它的作用是什么？

2. 加速踏板位置传感器的6个接线端分别是_____、_____、_____、_____、_____和_____。分别对应线束颜色：
1号线_____；2号线_____；3号线_____；4号线_____；
5号线_____；6号线_____。各引脚的定义和注释如下表。

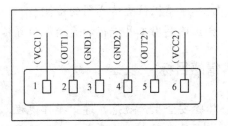

（a）实物图 　　　　　　　　　　　　　（b）示意图

加速踏板位置传感器

各引脚的定义和注释

引脚序号	定　义	注　释
1	VCC1	传感器1的参考电源
2	OUT1	传感器1的输出信号
3	GND1	传感器1的参考地
4	GND2	传感器2的参考地
5	OUT2	传感器2的输出信号
6	VCC2	传感器2的参考电源

3. 加速踏板位置传感器诊断测量：

选用万用表直流电压挡，打开点火开关，测量输出端电压值随着踏板位置的变化情况，踏板开度 0% 时 _____V；开度 50% 时 _____V；开度 100% 时 _____V。判断该传感器工作是 □ 正常，□ 不正常。（√填写）。

实训实施及步骤

图　　示	步骤及操作要求
1. 加速踏板位置传感器的检查	
第（1）～（8）步操作参照曲轴位置传感器操作示意图操作。	（1）打开点火开关到 ON 挡； （2）检查发动机故障指示灯应常亮； （3）起动发动机，打到 START 挡； **应知应会：**起动时间不应超过 _____s，连续起动间隔时间 _____s。 （4）观察发动机故障指示灯，若指示灯熄灭，表示发动机电子控制系统正常；若指示灯常亮，则表示发动机电子控制系统存在故障，应进行下一步检测； （5）关闭点火开关； （6）连接发动机故障诊断仪； （7）再次将点火开关开到 ON 挡； （8）开启发动机故障诊断仪软件，进行检测操作，操作步骤参照曲轴转速传感器的检测步骤；
博士共轨系统 	故障码	闪码	故障码解释
---	---	---
P2299	13	油门与制动踏板信号逻辑不合理		（9）根据故障代码提示信息查找维修资料，并记录相关维修诊断信息； （10）关闭点火开关；
 向外	（11）断开加速踏板位置传感器连接器； （12）打开点火开关；

图　示	步骤及操作要求
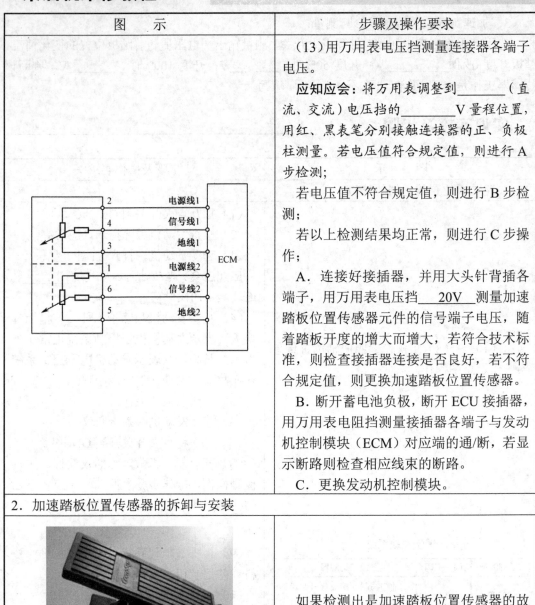	（13）用万用表电压挡测量连接器各端子电压。 **应知应会**：将万用表调整到＿＿＿＿（直流、交流）电压挡的＿＿＿＿V量程位置，用红、黑表笔分别接触连接器的正、负极柱测量。若电压值符合规定值，则进行A步检测； 若电压值不符合规定值，则进行B步检测； 若以上检测结果均正常，则进行C步操作； A．连接好接插器，并用大头针背插各端子，用万用表电压挡＿20V＿测量加速踏板位置传感器元件的信号端子电压，随着踏板开度的增大而增大，若符合技术标准，则检查接插器连接是否良好，若不符合规定值，则更换加速踏板位置传感器。 B．断开蓄电池负极，断开ECU接插器，用万用表电阻挡测量接插器各端子与发动机控制模块（ECM）对应端的通/断，若显示断路则检查相应线束的断路。 C．更换发动机控制模块。

2. 加速踏板位置传感器的拆卸与安装

如果检测出是加速踏板位置传感器的故障，则连同踏板总成一起更换。

知识拓展

1. 加速踏板位置传感器技术标准

双信号输出，比例式（P1，P2）。

6输出端子。

工作温度：-40~85℃。

工作电压：U_{Bi} = 5V±6%，i=1，2。

工作电流：I_{B1} + I_{B2}≤20mA。

信号电流：I_{Si}，max=0.52mA，i=1，2。

短路保护：U=16V，t=20min。

传感器的输出误差<±1.5%V_{CC}。

传感器的同步性误差<1.5%V_{CC}。

2. 电位计式加速踏板位置传感器的工作原理

加速踏板位置传感器的工作原理就是把驾驶员踩下踏板的开度情况直接转变为电压信号输出。与线圈接触的滑臂沿圆弧转动，ECM 向传感器输入 5V 基准电压，当油门关闭时（怠速时），滑臂转到使基准电压通过全部线圈的位置，这时传感器产生约 0.5V 的信号电压，向 ECM 反馈；当油门全开时，滑臂转到基准电压只通过很少线圈的位置，传感器向 ECM 反馈的信号电压为 4.5V。当油门处在怠速和全开位置之间时，传感器向 ECM 输入的信号电压与滑臂在电阻上的位置成正比。ECM 按照程序将反馈电压进行比较，判断出驾驶员所要求的油门开度。

当驾驶员踩下加速踏板的深度增大时．传感器的信号电压也提高，ECM 识别电压的变化后，将调节脉冲宽度电压发送到喷油器电磁阀，使喷油量增多。发动机的实际喷油量及输出功率会受到冷却液温度、涡轮增压压力、机油压力和机油温度等传感器向 ECM 输入信号的影响，ECM 将根据这些传感器输入的电信号最终确定喷油脉冲宽度信号。

加速踏板位置传感器输出的信号电压为 0.5~4.5V，信号电压的变化与加速踏板位置的变化呈线性关系，如下表所示。

信号电压与加速踏板位置的变化关系

加速踏板开度/%	0	20	40	60	70	80	90	100
输出电压值/V	0.56	1.18	1.75	2.35	2.75	2.95	3.23	3.49

实训项目 8：电控柴油机的故障诊断与排除

实训目标

知识目标

1. 学会根据电控柴油机的故障现象，判断其产生的原因。
2. 学会电控柴油机故障的诊断思路。

能力目标

1. 能依据操作工单完成电控柴油机故障的诊断和排除。

2. 会就电控柴油机检修常见的柴油机故障。

 情感目标

1. 体验安全生产规范，遵守操作规程，感受合作与交流的乐趣。
2. 在项目学习中逐步养成自主学习新知识、新技术的良好习惯。
3. 在操作学习中不断积累维修经验，从个案中寻找共性。

实训任务

 任务要求

要求正确使用梅花扳手、开口扳手、扭力扳手等工量器具，检查判断电控柴油机起动困难的原因，并能排除造成柴油机的故障。

对自己的学习和工作效果做出自我评价。

完成检查排除故障作业后，柴油机能正常工作。

作业时间：30分钟。

情境创设

老师指着已经设计故障的柴油机，说明是"该柴油机的故障是电控部分造成的"，要求学生检修该柴油机，引导学生按正常的操作规程完成柴油机的检查与排故操作，从而在完成任务的过程中学习柴油机的检查诊断和排故技能，以及相关的理论知识。

可以同时要求学生完成柴油机的诊断与排除作业，以激发学生学习的深度。

教学资料准备：教学用柴油机使用说明书、教材或维修手册等。

相关知识准备

1. 电控柴油机电控系统组成，各部件在柴油机上的安装位置？

2. 电控柴油机故障诊断仪的使用操作步骤？

3. 电控柴油机故障诊断与排除思路。

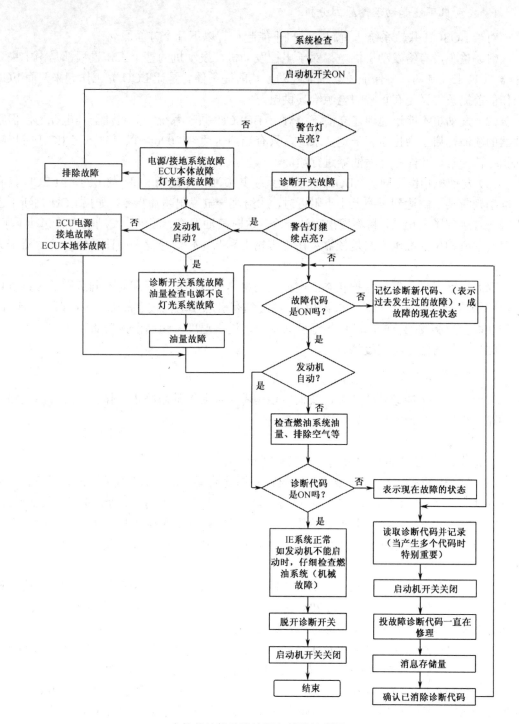

电控柴油机故障诊断与排除流程图

以 BOSCH 共轨系统为例介绍发动机无法起动故障诊断思路。

1. 发动机不能起动理论原因分析

对于 BOSCH 共轨系统，引起发动机不能起动有以下几个方面原因：

（1）整车没有给发动机供电：对于电控发动机，发动机的整个工作过程都是由中央处理器 ECU 来控制的，要保证发动机能起动，其前提条件就是让 ECU 先工作起来，而 ECU 工作的前提条件又是有正常的电源给其供电。

（2）发动机不能迅速地建立油压：对于 BOSCH 共轨系统，其喷油器是电控的，但喷油器的喷油开启压力也是有一定要求的，只有当油压达到 200bar 以上时，在 ECU 发出喷油指令信号时，才能打开喷油器进行喷油。

（3）发动机相位不同步：BOSCH 共轨系统其喷油指令是由 ECU 发出的，但 ECU 只有当准确判断某一缸达到压缩上止点附近时，才给某一缸发出喷油指令，如果 ECU 判断不出来哪一缸达到了上止点，将不发出喷油指令，这时喷油器将不喷油，发动机也就起动不了，而对发动机相位的准确判断是依靠装在皮带轮上和凸轮轴信号盘上的曲轴位置传感器来完成的。

（4）发动机进入停机保护状态：电控发动机具有故障自诊断和对不同级别故障进行自动保护的功能，当在起动时，如果 ECU 检测到有引起发动机致命故障的情况时，ECU 的保护功能会限制发动机的起动，如温度（水温、进气温度）超高保护功能。

（5）其他方面：机械故障。

2. 故障排除思路

对于发动机不能起动的故障，我们应该抱着由简到繁的思路进行排查，应按照电路——油路—相位—其他的检查顺序逐一排查。

1）对电路的检查

首先检查 ECU 是否正常供电，有三种判断方法：

（1）打开钥匙门，给 ECU 送电，如果在开钥匙的同时，发动机故障灯闪亮一下，大概在 2s 后熄灭，这表示发动机 ECU 经过自检已经正常工作，如不能起动继续查找其他原因。

（2）打开钥匙门，拔掉水温传感器，用万用表量取该传感器电压，如果该传感器有 5V 左右的电压，则表明 ECU 已正常工作，如果电压是 0V，则表明 ECU 没有供电而没有正常工作。

（3）找到发动机的诊断接头，量取诊断头的三根线电压，如果量得的对地电压有一根为 24V（电瓶电压）左右，一根为 20V 左右，一根为 0V，则表明发动机 ECU 已正常工作，如果没有量得 20V 左右电压，则表明 ECU 没有送电而没有工作。

（4）如果按照以上方法判断 ECU 没有工作，则要检查 ECU 的供电电路。对于 BOSCH 共轨系统，给 ECU 供电为：打开钥匙门给 ECU 的点火信号，该信号线从钥匙门连到发动机 42 端插头的 140（对照图纸）线上，断开 42 端插头，钥匙门给电，量取该 140 线，如果有 24V 电，则证明钥匙门到 42 端插头没有问题，如果没有 24V 电，则证明钥匙门到 42 端插头没有电，这时要检查从钥匙门到 42 端插头的线路，有没有断路、短路的情况，特别要注意各熔断器的检查；拔开给 ECU 主供电的 2 端子插头，用万用表量取两端子电压，如果有 24V 电压则为正常，如果没有 24V 电，则说明整车给 ECU 的主电源供电不正常，请检查相应的线路。

2）对油路的检查

（1）BOSCH 共轨发动机对油路中有空气是非常敏感的，如果油路中有空气，则会造成发动机的难起动或不能起动，油路排空气的方法是松开手油泵座处的放气螺栓，用手压手油泵泵油，直到放气螺栓处流出来的是油为止，旋紧放气螺栓，然后起动。

（2）如果油路没有空气，发动机还是不能起动，这时应结合诊断软件检查，看起动时实际轨压的建立情况，如果实际轨压不能建立，则首先松开输油泵的进油管，如果从输油泵进油管处有油流出，则证明从油箱到输油泵的油路没有问题，如果不能流出油，则证明从油箱到输油泵的油路存在问题，请检查相应的油路；接着可以松开精滤的出油口，起动电动机，如果精滤的出油口有油流出，则证明从输油泵到精滤的油路没有问题，如果不能流油，则证明从输油泵到精滤的油路有问题，一般是输油泵故障；松开高压泵至共轨管的进油管，起动发动机，如果该进油管有油流出，则证明高压泵供油正常，如果没有油流出或流出的油过少，则可能是高压泵的供油能力较差，请做相应的检查。

3）对相位的检查

（1）对相位的检查，要结合诊断软件来检查，首先通过诊断软件读取故障码，看有没有报凸轮轴、曲轴方面的故障码，其次是看发动机起动时的相位数据，如果相位正常，在起动时，在"同步相位"一项里，会发现相位数字会在"2"、"3"、"16""48"之间跳动，这是发动机在检测相位的关系，一旦相位正确，则能顺利起动，相位正常时，其数值应该是"48"。

（2）如果相位不同步，则结合故障码，检查曲轴、凸轮轴线路、传感器电阻，必要时还可以将曲轴和凸轮轴传感器调换过来试验，以确定是哪个传感器出现故障而造成的不能起动或不易起动，

（3）如果传感器和线路都没有问题，则应检查齿轮室、凸轮轴信号盘、皮带轮等是否存在错位、移位、松框的情况。

4）其他的检查

（1）通过诊断软件，看有没有引起发动机保护的故障码（如水温过高），看发动机运行数据是否有异常（如进气温度是否过高，甚至达到了 100°以上）。

（2）实操考试故障设置及选取原则见下表。

实操考试故障设置及选取原则

序　号	故障设置范围	选取原则
1	故障诊断仪无法进入诊断系统	在所列故障中 1、2、3、4、5、6、7 项中任选一项
2	曲轴/凸轮轴位置传感器损坏	
3	曲轴/凸轮轴位置传感器接插器断路	
4	油轨压力传感器断路	
5	水温传感器断路	
6	油门位置传感器断路	
7	增压压力位置传感器断路	

（3）考试要求：懂得排除柴油机起动困难的故障，柴油机起动困难排故步骤和技术要求见下表，故障排除成功后要求写排故报告。

柴油机起动困难排故步骤和技术要求

故障现象	故障可能原因及常见表现	维修建议
柴油机无法起动、难以起动、运行熄火	(1) 电喷系统无法上电； (2) 通电自检时故障指示灯不亮； (3) 诊断仪无法连通； (4) 油门接插件没有 5V 参考电压； (5) 开钥匙时故障灯是否会自检（亮 2s）	检查电喷系统线束及熔丝，特别是点火开关方面。（包括熔丝，改装车还应看点火钥匙那条线是不是接在钥匙开关 2 挡上）
	(1) 蓄电池电压不足； (2) 万用表或诊断仪显示电压偏低； (3) 专用工具测电瓶在起动时的电压降； (4) 起动机拖转无力； (5) 大灯昏暗； (6) 起动电动机时，电动机声音是否运转有力	更换蓄电池或充电，跟别的车并用电瓶
	(1) 无法建立工作时序； (2) 诊断仪显示同步信号故障； (3) 示波器显示曲轴/凸轮轴工作相位错误； (4) 诊断仪显示凸轮信号丢失； (5) 诊断仪显示曲轴信号丢失	(1) 检查曲轴/凸轮轴信号传感器是否完好无损； (2) 检查其接插件和导线是否完好无损； (3) 检查曲轴信号盘是否损坏/脏污附着（通过传感器信号孔）； (4) 检查凸轮信号盘是否损坏/脏污附着（通过传感器信号孔）； (5) 如果维修时进行过信号盘等组件的拆装，检查相位是否正确
	(1) 预热不足； (2) 高寒工况下，没有等到冷起动指示灯熄灭就起动； (3) 万用表或诊断仪显示预热过程蓄电池电压变动不正常	(1) 检查预热线路是否接线良好； (2) 检查预热隔栅电阻水平是否正常； (3) 检查蓄电池电容量是否足够
	(1) ECU 软/硬件或高压系统故障； (2) 监视狗故障； (3) A/D 模数转换错误； (4) 多缸停喷； (5) ECU 计时处理单元错误； (6) 点火开关信号丢失； (7) 轨压超高泄压阀不能开启； (8) EEPROM 错误； (9) 油轨压力持续超高（如轨压持续 2s 超过 1600bar）	故障确认后，更换 ECU 或通知电控专业人员
	(1) 喷油器不喷油； (2) 怠速抖动较大； (3) 高压油管无脉动； (4) 诊断仪显示怠速油量增高； (5) 诊断仪显示喷油驱动线路故障	(1) 检查喷油驱动线路（含接插件）是否损坏/开路/短路； (2) 检查高压油管是否泄漏； (3) 检查喷油器是否损坏/积炭
	(1) 高压泵供油能力不足； (2) 诊断仪显示轨压偏小	(1) 检查高压油泵是否能够提供足够的油轨压力； (2) 检查燃油计量阀是否损坏
	(1) 轨压难以建立； (2) 高压连接管与喷油器连接处密封不严，泄漏严重等	检查高压连接管与喷油器连接处密封面压痕是否规则

故障现象	故障可能原因及常见表现	维修建议
柴油机无法起动、难以起动、运行熄火	（1）轨压持续超高； （2）诊断仪显示轨压持续2s高于1600bar； （3）轨压传感器损坏，艰难起动后存在敲缸、冒白烟等现象	（1）检查燃油计量阀是否损坏； （2）燃油压力泄放阀是否卡滞
	机械组件等其他故障： （1）活塞环过度磨损； （2）气门漏气； （3）供油系统内有空气； （4）供油管路堵塞； （5）燃油滤清器堵塞； （6）燃油中水分太多，排烟呈灰白色 （7）油箱缺油	（1）更换活塞坏； （2）检查气门间隙、气门弹簧，调整更换；检查气门导管及气门座密封性； （3）排除油路空气； （4）检查供油管路是否畅通； （5）检查更换燃油滤清器的滤芯； （6）更换正规加油站的燃油； （7）检查油箱是否有足够燃油；燃油不足的情况，请立刻加油
跛行回家模式（故障指示灯亮）	（1）仅靠曲轴信号运行； （2）诊断仪显示凸轮信号丢失； （3）对起动时间的影响不明显； （4）仅靠凸轮信号运行； （5）诊断仪显示曲轴信号丢失； （6）起动时间较长（如4s左右），或者难以起动	（1）检查凸轮传感器信号线路； （2）检查凸轮传感器是否损坏； （3）检查凸轮信号盘是否有损坏或脏污附着； （4）检查曲轴传感器信号线路； （5）检查曲轴传感器是否损坏； （6）检查曲轴信号盘是否有损坏或脏污附着
油门失效,且柴油机无怠速（转速维持在1100 r/min 左右）	（1）油门故障； （2）怠速升高至1100r/min，油门失效； （3）诊断仪显示第一/二路油门信号故障； （4）诊断仪显示两路油门信号不一致； （5）诊断仪显示油门卡滞	（1）检查油门线路（含接插件）是否损坏/开路/短路； （2）检查油门电阻特性； （3）油门踏板是否进水
功率/扭矩不足，转速不受限	（1）水温过高导致热保护； （2）水温传感器/驱动线路故障进气温度过高导致热保护； （3）增压后管路漏气； （4）增压器损坏（如旁通阀常开）； （5）油路堵塞； （6）高原修正导致进排气路堵塞； （7）诊断仪显示油门无法达到全开	（1）检查柴油机冷却系； （2）检查水温传感器本身或信号线路是否损坏； （3）检查柴油机气路； （4）检查增压器； （5）检查油路； （6）视具体情况处理； （7）检查气路； （8）检查电子油门
功率/扭矩不足转速受限，故障指示灯亮。	（1）轨压传感器损坏/ MeUN 驱动故障； （2）燃油温度传感器/驱动线路故障，诊断仪报告故障； （3）进气温度传感器/驱动线路故障：诊断仪报告故障； （4）油轨压力传感器信号飘移，诊断仪报告故障； （5）高压油泵闭环控制类故障	（1）对于轨压传感器/MeUN 故障： A．诊断仪显示轨压位于700～760 bar，随转速升高而升高，则可能燃油计量阀/驱动线路损坏； B．诊断仪显示轨压固定于720bar，可能为轨压传感器或线路损坏。 （2）检查油温传感器信号线路，检查油温传感器是否损坏； （3）检查气温传感器信号线路；检查气温传感器是否损坏； （4）更换油轨压力传感器； （5）检查高压油路是否异常，更换高压油泵

续表

故障现象	故障可能原因及常见表现	维修建议
机械系统原因导致功率/扭矩不足	(1) 进排气路阻塞，冒烟限制起作用； (2) 增压后管路泄漏，冒烟限制起作用； (3) 增压器损坏（如旁通阀常开）； (4) 进排气门调整错误； (5) 油路堵塞； (6) 油滤清器堵塞； (7) 喷油器雾化不良，卡滞等	(1) 检查进排气系统； (2) 检查进气管路； (3) 更换增压器； (4) 重新调整； (5) 检查检查高压/低压燃油管路； (6) 更换滤芯； (7) 更换喷油器
运行不稳，怠速不稳	(1) 信号同步间歇错误； (2) 诊断仪显示同步信号出现偶发故障	(1) 检查曲轴/凸轮轴信号线路； (2) 检查曲轴/凸轮传感器间隙； (3) 检查曲轴/凸轮信号盘
	喷油器驱动故障：诊断仪显示喷油器驱动线路出现偶发故障（开路/短路等）	检查喷油器驱动线路
	油门信号波动：诊断仪显示松开油门后仍有开度信号；诊断仪显示固定油门位置后油门信号波动	(1) 检查油门信号线路是否进水或磨损导致油门开度信号飘移； (2) 更换电子油门
	(1) 进气管路泄漏； (2) 低压油路堵塞 (3) 油路进气； (4) 缺机油等导致阻力过大； (5) 喷油器积炭、磨损等； (6) 气门漏气	(1) 检查进气系统； (2) 检查检查高压/低压燃油管路； (3) 排除油路空气； (4) 检查润滑系统，加机油； (5) 清理、更换喷油器； (6) 检查气门间隙、气门弹簧，调整更换；检查气门导管及气门座密封性
冒黑烟	喷油器雾化不良、滴油等；诊断仪显示怠速油量增大；诊断仪显示怠速转速波动	(1) 根据机械经验进行判断，如断缸法等； (2) 确认后拆检
	油轨压力信号飘移（实际值大于检测值）；诊断仪显示相关故障码	更换传感器/共轨管
	机械方面故障：如气门漏气，进排气门调整错误等。诊断仪显示压缩测试结果不好	参照机械维修经验进行
加速性能差	前述各种电喷系统故障原因导致扭矩受到限制：诊断仪显示相关故障码	按故障代码提示进行维修
	负载过大：各种附件的损坏导致阻力增大；缺机油/机油变质/组件磨损严重；排气制动系统故障导致排气受阻	(1) 检查风扇等附件的转动是否受阻； (2) 检查机油情况； (3) 检查排气制动
	喷油器机械故障：积炭/针阀卡滞/喷油器体开裂/安装不当导致变形	拆检并更换喷油器
	(1) 进气管路泄漏； (2) 油路进气	(1) 检查、上紧松脱管路； (2) 排除油路中空气
	油门信号错误：诊断仪显示油门踩到底时开度达不到100%	(1) 检查线路； (2) 更换电子油门

备注：其他机械部分参考项目5、项目6、项目7、项目8。

◆ 故障诊断示例：无法起动、难以起动、运行熄火

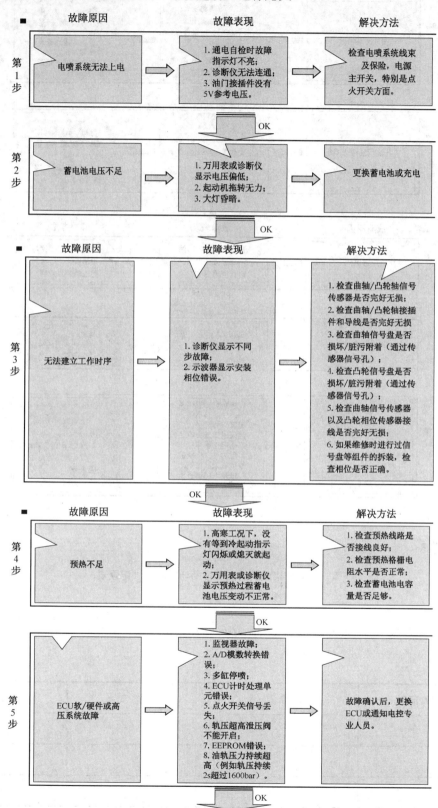

	故障原因	故障表现	解决方法
第1步	电喷系统无法上电	1. 通电自检时故障指示灯不亮； 2. 诊断仪无法连通； 3. 油门接插件没有5V参考电压。	检查电喷系统线束及保险，电源主开关，特别是点火开关方面。
第2步	蓄电池电压不足	1. 万用表或诊断仪显示电压偏低； 2. 起动机拖转无力； 3. 大灯昏暗。	更换蓄电池或充电
第3步	无法建立工作时序	1. 诊断仪显示不同步故障； 2. 示波器显示安装相位错误。	1. 检查曲轴/凸轮轴信号传感器是否完好无损； 2. 检查曲轴、凸轮轴接插件和导线是否完好无损 3. 检查曲轴信号盘是否损坏/脏污附着（通过传感器信号孔）； 4. 检查凸轮信号盘是否损坏/脏污附着（通过传感器信号孔）； 5. 检查曲轴信号传感器以及凸轮相位传感器接线是否完好无损； 6. 如果维修时进行过信号盘等组件的拆装，检查相位是否正确。
第4步	预热不足	1. 高寒工况下，没有等到冷起动指示灯闪烁或熄灭就起动； 2. 万用表或诊断仪显示预热过程蓄电池电压变动不正常。	1. 检查预热线路是否接线良好； 2. 检查预热格栅电阻水平是否正常； 3. 检查蓄电池电容量是否足够。
第5步	ECU软/硬件或高压系统故障	1. 监视器故障； 2. A/D模数转换错误； 3. 多缸停喷； 4. ECU计时处理单元错误； 5. 点火开关信号丢失； 6. 轨压超高泄压阀不能开启； 7. EEPROM错误； 8. 油轨压力持续超高（例如轨压持续2s超过1600bar）。	故障确认后，更换ECU或通知电控专业人员。

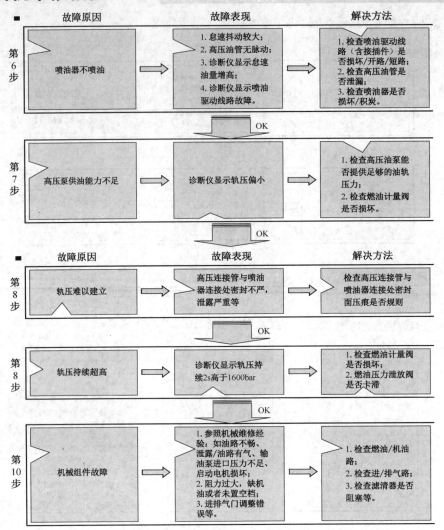

	故障原因	故障表现	解决方法
第6步	喷油器不喷油	1.怠速抖动较大;2.高压油管无脉动;3.诊断仪显示怠速油量增高;4.诊断仪显示喷油驱动线路故障。	1.检查喷油驱动线路(含接插件)是否损坏/开路/短路;2.检查高压油管是否泄漏;3.检查喷油器是否损坏/积炭。
第7步	高压泵供油能力不足	诊断仪显示轨压偏小	1.检查高压油泵能否提供足够的油轨压力;2.检查燃油计量阀是否损坏。
第8步	轨压难以建立	高压连接管与喷油器连接处密封不严,泄露严重等	检查高压连接管与喷油器连接处密封面压痕是否规则
第8步	轨压持续超高	诊断仪显示轨压持续2s高于1600bar	1.检查燃油计量阀是否损坏;2.燃油压力泄放阀是否卡滞
第10步	机械组件故障	1.参照机械维修经验;如油路不畅、泄露/油路有气、输油泵进口压力不足、启动电机损坏;2.阻力过大,缺机油或者未置空档;3.进排气门调整错误等。	1.检查燃油/机油路;2.检查进/排气路;3.检查滤清器是否阻塞等。

作业表

表一 电控柴油机的故障诊断与排除实训记录表

姓名:_____ 学号:_____ 班级:_____

考核要求:

(1)根据电控柴油发动机的故障现象,经分析,查找出故障原因;

(2)排除柴油发动机电控部分的故障。

考核时间:35分钟

故 障 部 位	故 障 原 因	排 除 方 法	处 理 意 见

表二　电控柴油机的故障诊断与排除实训报告

姓名：_____　学号：_____　班级：_____

发动机型号		时　间		地　点	
实训内容					
工具使用情况					
实训操作要领					
收获与体会					
建议与要求					
教师评价（签名）					

表三　电控柴油机的故障诊断与排除实训成绩评定表

姓名：_____　学号：_____　班级：_____

考核要求：

（1）根据电控柴油发动机的故障现象，经分析，查找出故障原因；

（2）排除柴油发动机的故障。

考核时间：35 分钟

序号	考核内容	配分	评分标准	评分记录	扣分	得分
1	正确使用工具仪器	4	使用错误扣 4 分			
			使用不当酌情扣分			
2	能准确描述故障现象,分析故障原因	10	检查方法错误扣 3 分			
			检查程序错误扣 3 分			
			检查结果错误扣 4 分			
3	会正确操作故障诊断仪	2	不会正确操作扣 2 分			
4	根据诊断仪的提示能独立完成故障的排除	7	不能排除扣 7 分			
			不能完全排除故障酌情扣分			
			自制一处故障扣 3 分			
5	验证排除效果	3	不进行验证扣 3 分			
6	遵守安全操作规程，正确使用工量具，操作现场整洁	4	每项扣 1 分，扣完为止			
	安全用电，防火，无人身、设备事故		因违规操作发生重大人身和设备事故，此题按 0 分计			
7	分数总计	30				
从　　时　　分　至　　时　　分　共　　分钟						
评分人：　　　年　月　日			核分人：　　　年　月　日			

附常见的故障案例：

案例1：

发生地点：天津公交五公司。

发动机型号：E240B。

故障现象：打开起动机，起动机能转，但发动机就是不能起动，尝试多次还是不能起动。

对于天津公交五公司的这台车，是台欧Ⅱ升欧Ⅲ的升级车辆，改装好后，发现起动不了，我们前去检查，发现ECU供电正常，连上诊断仪读取故障码，发现没有故障码，看数据，再读故障码，这时出现了轨压泄压阀打开的故障码，泄压阀打开，说明油轨里的压力过高，将泄压阀给冲开了。当然引起轨压过高的原因很多，油路、电路上都会引起，油路上如果回油管打折，会造成回油不畅造成轨压高，电路上如果燃油计量阀、轨压传感器故障也会造成轨压高，但仔细检查电路后也没有发现问题。经过采集数据对数据进行分析，发现了很多异常的地方，采集数据如下表所示，注意数据的阴影部分。

数据一

时间（分）	CoEng_stEng(flag)	Eng_nAvrg (r/min)	LlGov_nSetpoint(r/min)	Rail_pSetPoint (hpa)	RailCD_pPeak(hpa)	EngM_stSync (flag)	InjCtl_qSetUnBal (mg/cyc)	MeUn_iSet_mp(mA)	Rail_dvolMeUnCtll (mm^3/s)
	发动机状态	发动机转速	目标怠速	设定轨压	实际轨压	同步状态	循环喷油量	燃油计量阀设定电流	轨压积分量
38.172	2	0	700	400000	74700	2	37.6	734	0
38.177	2	0	700	400000	72500	2	37.6	734	0
38.181	2	0	700	400000	70300	2	37.6	734	0
38.185	48	0	696	504000	68100	2	0	734	0
38.189	48	132	683	510000	162600	16	0	734	0
38.193	48	152	671	510000	191200	33	0	734	0
38.198	48	161	658	510000	184600	33	0	734	0
38.202	48	169	650	510000	178000	3	0	734	0
38.206	48	172	650	510000	171400	3	0	734	0
38.21	48	171	650	510000	164800	48	0	734	0
38.214	48	172	650	510000	158200	3	0	734	0
38.218	48	173	650	510000	153800	3	0	734	0
38.222	48	172	650	510000	147200	48	0	734	0
38.227	48	173	650	510000	142800	3	0	734	0
38.244	48	172	650	510000	257100	3	0	734	0
38.248	48	171	650	510000	397800	48	0	734	0
38.252	48	170	650	510000	564800	3	0	734	0
38.256	48	166	650	510000	727400	3	0	734	0
38.26	48	164	650	510000	945000	3	0	734	0
38.264	48	162	650	510000	1204300	3	0	734	0
38.268	48	157	650	510000	1415300	3	0	734	0
38.273	48	156	650	510000	1635100	3	0	734	0
38.277	48	154	650	510000	1800000	3	0	734	0

续表

时间（分）	CoEng_stEng(flag)	Eng_nAvrg(r/min)	LIGov_nSetpoint(r/min)	Rail_pSetPoint(hpa)	RailCD_pPeak(hpa)	EngM_stSync(flag)	InjCtl_qSetUnBal(mg/cyc)	MeUn_iSet_mp(mA)	Rail_dvolMeUnCtll(mm^3/s)
38.281	2	134	655	400000	705400	3	37.6	734	0
38.285	2	52	668	400000	681300	16	39.6	734	0
38.289	2	14	680	400000	632900	64	40.8	734	0
38.293	2	0	693	400000	606500	2	37.6	734	0
38.298	2	0	700	400000	591200	2	37.6	734	0

数据分析：

"发动机状态"分析：该列表示发动机状态，一般为"2"、"4"、"48"，其中"2"表示发动机处于停机状态，"4"表示发动机处于起动运行状态，"48"表示发动机处于停机状态，从这一监测发动机的状态来看，其状态是不正常的，即一旦打起动，发动机有转速后，马上进入停机状态，而发动机停机就是因为给点火信号断电造成的，从这点来看，发动机的点火电路明显存在故障。

"循环喷油量"分析：该数据是表示发动机的循环喷油量，只有当发动机正常时，ECU才会给出喷油指令，从这列数据上看，在不打起动时，ECU 有喷油指令，但一旦打起动其喷油指令变为 0，即没有喷油指令，没有喷油指令，发动机肯定是不能起动的。

"同步状态"分析：该数据是表示发动机的同步相位，在打起动时，ECU 进入同步相位检测判断模式，其相位判断从"2"、"16"、"33"、"48"之间变化，这种自动检测而变化的数据是正常的，一旦检测到信号同步变为"48"，ECU 便发出喷油指令，发动机就起动起来。

"实际轨压"分析：随着连续的打起动，高压泵不断地往共轨管里供油，但喷油器没有喷油指令，喷油器不能打开，不能进行喷油泄油，其油压越来越高，当达到 1700bar 时，冲开共轨管泄压阀。

故障原因及排除：从数据上分析，这是一起典型的电路故障，其故障有一定的隐蔽性，因为打起动后，发动机及进入停机（点火信号断电）状态，但诊断仪没有断线，这给检测人员带来一定的误导，认为电路正常，因为一般人认为如果点火信号断电，诊断仪会马上断线，但事实不然，从 ECU 喷油指令、相位的综合判断，都是电路问题，我们将点火信号线剪断，直接从电瓶拉一根火线到点火信号线上，打起动，发动机顺利起动，因而这起发动机不能起动的故障原因就是钥匙门，当钥匙门打到给 ECU 送电的挡位时，供电正常，但一旦打到起动挡时，自动断掉了 ECU 的点火信号的电，所以发动机随即进入了"48"的停机状态，发动机即不能起动。

思考题：

1．在起动的时候，钥匙门自动给点火信号线断电，但为什么诊断仪一直没有掉线呢？

2．发动机从有喷油指令油量一下变为 0，哪些因素会影响 ECU 的喷油指令油量呢？

3．为什么在正常的灭车过程中，共轨管的油压不会超高而打开泄压阀？在什么情况下，停机的时候会打造成共轨管的油压超高而打开泄压阀？

4．如果发动机的相位真的出现不同步，应该怎样检查？

案例 2:

发生地点: 天津公交二公司。

发动机型号: E240B。

故障现象: 打开起动机, 起动机能转, 但发动机就是不能起动, 尝试多次还是不能起动。

故障处理:

对于发动机不能起动, 我们都是按照上述的三个检查步骤进行, 在检查排除中, 首先检查电路, 连诊断仪, 能顺利连上诊断仪, 说明发动机 ECU 能正常供电, 打起动, 起动机能转, 读取故障码, 这时有故障码如下表所示。

故障码一

故 障 序 号	DTC	状 态	故 障 名 称
1	UD106	超高限; 故障恢复状态	CAN 信息故障_TSC1-AR, 激活
2	P2159	无效信号; 无故障	车速信号故障_不合理
3	P0336	超低限; 历史故障	曲轴信号错误

首先保存故障码, 接着继续打起动, 并采集相应数据, 再读故障码, 这时的故障码如下表所示。

故障码二

故 障 序 号	DTC	状 态	故 障 名 称
1	P100E	超高限; 故障确认	轨压泻放阀打开
2	UD106	超高限; 故障恢复状态	CAN 信息故障_TSC1-AR, 激活
3	P2159	无效信号; 故障恢复状态	车速信号故障_不合理

从故障码来看, 存在历史的故障码, 曲轴信号错误, 这对发动机的起动性是有影响的一个故障码, 故障方向应该就在相位上, 但在排除故障时, 一般要学会采集数据, 并对数据进行分析, 这样才能达到有的放矢、快速地找到故障点的目的, 再看采集的部分数据如表 14-6 所示。

表 14-6　数据二

时间 (分)	CoEng_stEng (flag)	Eng_nAvrg(r/min)	LIGov_nSetpoint (r/min)	Rail_pSetPoint(hpa)	RailCD_pPeak(hpa)	EngM_stSync(flag)	InjCtl_qSetUnBal (mg/cyc)	MeUn_iSet_mp(mA)	Rail_dvolMeUnCtlI (mm^3/s)
时间	发动机状态	发动机转速	目标怠速	设定轨压	实际轨压	同步相位	循环喷油量	燃油计量阀电流	轨压积分量
4.098	2	0	711	350000	0	2	69.12	1267	0
4.102	2	0	711	350000	2100	2	69.12	1267	0
4.107	2	0	711	350000	215300	2	69.12	1267	0
4.111	2	4166	711	419000	206500	8	0	1289	480
4.115	4	3678	711	723000	200000	8	0	1107	2790
4.119	4	4580	711	908000	193400	8	0	985	7030
4.123	4	3774	711	908000	186800	8	0	923	11680

续表

时间（分）	CoEng_stEng (flag)	Eng_nAvrg(r/min)	LIGov_nSetpoint (r/min)	Rail_pSetPoint(hpa)	RailCD_pPeak(hpa)	EngM_stSync(flag)	InjCtl_qSetUnBal (mg/cyc)	MeUn_iSet_mp(mA)	Rail_dvolMeUnCtlI (mm^3/s)
4.127	4	4446	711	908000	182400	8	0	862	16250
4.132	4	3916	711	908000	178000	8	0	801	20950
4.136	4	3938	711	908000	173600	8	0	706	25600

数据分析： 从数据上看，有几个地方是不正常的，第一，是发动机转速，在打起动的时候，发动机转速达到了 4000r/min，而我们发动机的标定转速在 2700r/min 左右，现在转速为什么会达到这么高呢？再反过来思考一下，我们的转速是取自谁的信号？毫无疑问，转速的信号是取自曲轴或凸轮轴传感器，转速异常，说明问题肯定在这两个传感器上；第二，同步相位一直显示是 8，已经不同步；第三，发动机轨压积分量超出正常值较大；第四，循环喷油量为 0，即在某个故障的情况下，ECU 判断这时要断油，所以这时 ECU 没有发出喷油量指令，发动机即不喷油而不能着火。

最后将两传感器调换位置，数据还是一样，证明传感器没有问题，将传感器的两接插件调换位置，打起动，发动机顺利起动，发动机的不能起动是曲轴和凸轮轴传感器接插件插反造成的。

思考题：

1．如果判断相位不同步，你将采用什么样的检测方法去证明？

2．当出现这个故障后，为什么在打起动的时候有轨压泄压阀的故障码产生？

案例3：

发生地点： 丹东黄海厂。

发动机型号： J61DA。

故障现象： 整车厂在送车中，当行驶 100km 左右时出现发动机无力和加油不畅的情况，遂开回整车厂检查，即灭车后不能起动。

故障处理： 按照电控发动机不能起动的排查顺序，首先检查 ECU 供电情况，能够顺利连上诊断仪，说明 ECU 供电正常，采集数据分析，发现在打起动时，轨压为 0 或一直维持在很低的轨压，根据流量守恒原理，轨压无法建立的原因无非是供油不足或者油路有泄漏。因此，从油水分离器开始对油路进行检查，为了排除油箱到粗滤的管路影响，我们把进油管直接接到单独的油桶里，然后从燃油分配器→ECU 冷却盒→输油泵→精滤进行排查，都没有发现泄漏或者堵塞的现象，高压部分也对泵的进、出油管，共轨管到喷油器的进油管也都进行了检查也没有发现泄漏和堵塞的现象。到此为止，基本排除进油受阻导致供油不足的可能性。接下来检查的重点是高压油路的回油情况，高压部分的回油有两部分组成：一是高压泵的回油；二是喷油器的回油。同时把高压泵的回油管和喷油器的回油管拆除，采用电机拖动来观察回油的情况，就发现喷油器的回油孔在轨压为 0 时居然有柴油流出。

正常情况下，轨压为 0 的情况下，ECU 是不会发出喷射指令的，没有喷射指令电磁阀就不会打开，也就不应该有回油，导致喷油器有回油的可能性有两方面：一是喷油器与高压连接管的安装不符合要求，导致接合面密封不严，而产生泄漏回油；二是有异物使喷油器卡死，电磁阀无法回位导致喷油器常回油。随后拆下回油相对较多的汽缸高压连接管，呈现在我们面前的现象非常令我们吃惊，高压连接管的外表面都存在严重的生锈（见下图，而且还是运行不到 100km 轨压过低（低于 200bar）时，ECU 不发出喷油指令，所以导致发动机不能起动。

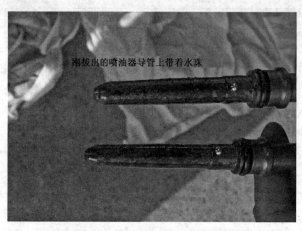

刚拔出的喷油器导管上带着水珠

高压连接管的外表面都存在严重的生锈

总结： 这起发动机不能起动的故障完全是因为用户使用了含水分过多的燃油，导致油路损坏，喷油器卡死造成的。

案例 4：

发生地点： 青岛。

发动机型号： J620H。

故障现象： 发动机不能起动。

故障检查及处理： 连上计算机检测，读取故障码，没有故障码，起动发动机采集数据，从数据上发现发动机的轨压不能建立，一直是 0 或很低的轨压。

对于轨压建立不起来的故障，我们应从案例 3 中收到启发，轨压建立不起来，肯定就是供油系统出了问题，而问题的根本就在于：要么低压油路来油不畅或有堵塞，使油供不上来；要么就是高压部分有泄漏，使供上来的燃油马上泄油回掉，从而建立不起油压。

出现油压建立不起来的故障，我们应该一步一步地排查，一般按照以下步骤：

第一步，对低压油路放气。松开手油泵座处的放气螺钉，泵手油泵，如果从手油泵处泵不上燃油或从放气螺钉处一直流出气泡，则很可能是油箱至手油泵的管路漏气或手油泵坏了造成的，必要时更换排除。

第二步，按照共轨油路的走向，可以松开柴滤精滤至高压油泵的出油管，这时泵手油泵或打起动，如果从该出油管口有油流出，则说明输油泵没有问题；如没有油流出，则很可能是输油泵坏或精滤堵塞。

第三步，松开共轨管的高压进油管，打起动，看该连接管处是否有油流出，如果有油流出，说明高压泵没有问题，如没有油流出，这时松开高压泵的回油管，如果打起动时回油管有大量油流出，则证明高压泵的回油阀出问题，导致高压泵供油后直接回油。

第四步，在高压连接管处，松开一个缸的高压连接管，看高压连接管处是否有出油，如果没有出油，上紧该高压连接管，逐一松开各喷油器回油管，在这时如果回油过大则是不正常的，则可能是该喷油器卡死造成一直回油。

这起发动机轨压建立慢，最后按照以上几个步骤逐一排查，当查到第四步后，松开第五缸喷油器回油管，发现该回油管回油量大，证明喷油器卡死在长通的位置，高压燃油直接回油，更换第五缸喷油器后故障排除。

案例 5：ECU 不上电故障

发动机型号：YC6J220-30

一、处理过程

ECU 不上电，起动机工作，应该是发动机电控线路有问题：

（1）将钥匙开关打到"ON"挡，故障灯没出现自检现象；

（2）水温传感器的工作电压为 0V；

（3）油门踏板 1、2 路信号电压也为 0V；

（4）2 端子车辆接插件上主电源对地电压为 24V；

（5）这就已说明给 ECU 供电的主电源线路正常，只是由于某些原因导致 ECU 内部的继电器不工作，而继电器是通过点火开关信号控制；

（6）在发动机线束上，刺穿 140 号线（点火开关）测量到电压为 0V；

（7）130 号线（故障指示灯低端，测量此号线的目的在于判断整车线束是否左右互换）电压为 24V；

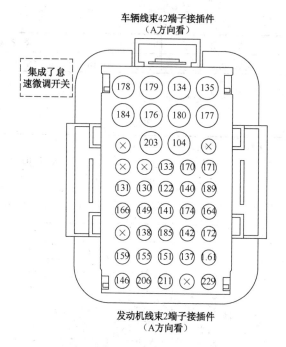

（8）拔开 42 端子接插件，经过仔细观察，发现整车线束 42 端子内的线束全部左右互换，拔开 ECU 接插件 1，发现 159 号端子进入接插件 1 附近处的线皮已经烧熔，更严重的是 159 插针已经烧断在接插件内，ECU 是否因此损坏要待起动后才能够确定，如下图所示。

二、处理方式

将已经烧断的针脚更换后，再将接错的线路接正后故障排除。

案例6：

发生地点：天津公交。

发动机型号：J61TA。

故障现象：行驶中发动机无力，加速灭车，原地转速只能上到1700转，这时发动机故障灯常亮。

经计算机检测，出现如下表所示的故障码。

故障码三

故障序号	DTC	状　态	故　障　名　称
1	P1011	超高限；历史故障	轨压闭环控制模式故障0——轨压低于目标值

计算机采集数据分析如下表所示。

数据三

CoEng_stEng (flag)	Eng_nAvrg (r/min)	AccPed_rChkdVal(%)	Rail_pSetPoint(hpa)	RailCD_pPeak (hpa)		InjCtl_qSetUnBal(mg/cyc)	MeUn_iSet_mp(mA)	Rail_dvolMeUnCtll(mm^3/s)
发动机状态	发动机转速	油门开度	设定轨压	实际轨压	轨压差值	循环喷油量	燃油计量阀电流	轨压积分量
4	1345	100	1123100	1059300	−63.8	59.66	1206	2850
4	1529	100	1150000	1081300	−68.7	61.64	1181	3630
4	1731	100	1200000	1153800	−46.2	65.28	1178	4440
4	1931	100	1208600	1140600	−68	70.44	1120	5260
4	2150	100	1294700	1138400	−156.3	79.02	1033	6600
4	2373	100	1361000	975800	−385.2	88.08	828	10310
4	2567	100	1361000	514200	−846.8	82.92	505	12440
4	2613	100	1350000	285700	−1064.3	70.22	500	12440
4	2584	100	1350000	239500	−1110.5	77.36	500	12440
4	2474	45.9106	1148300	560400	−587.9	0.14	898	17320
4	2294	0	1000000	1083500	83.5	0.06	1128	20250
4	2124	0	1000000	1496700	496.7	0	1345	17690
4	1958	0	978900	1432900	454	0	1554	7460

咨询车队，该车刚做过保养，柴滤已经是新换的，打出一点柴油观察，油品也算正常了，在加速时注意观察粗滤手油泵，发现在加速时手油泵往下吸进去，问题肯定在油箱到手油泵的管路上，经检查，原来是油箱的来油过滤口处被一塑料袋裹住了，使吸油严重受堵，经拿掉塑料袋，故障排除。

案例7：

发生地点：天津公交。

发动机型号：E25JC。

故障现象：行驶中发动机无力，原地转速只能上到1700r/min，这时发动机故障灯常亮。

经计算机检测故障码，发现有故障码：轨压闭环控制模式故障2——轨压低于目标值。

轨压闭环控制模式2是与轨压闭环控制模式0相对的，轨压闭环控制模式故障2——轨压低于目标值，说明发动机在运行过程中，其共轨管里的油压太高，一直高于ECU设定的轨压值，当实际轨压高于于设定轨压200bar以上时，ECU就会报此故障码，从而限制发动机转速。

故障原因分析：实际轨压一直高于设定轨压，原因肯定还是在于油路，要么是喷油器卡死不能喷油，要么是高压油路的回油管路堵塞导致回油不畅，要么就是各个回油部分不能正常顺畅回油造成的，回油不畅，从而其轨压就会高于设定轨压很多，计算机就会报此故障，从而转速就限制在1700r/min。

故障排除：由于这台车是新车，刚上线运营一天，发动机一般不会这么快就出故障，根据此故障码及现象，判断还是油路问题，按照检查故障从简到繁的原则，首先检查低压回油油路，发现从燃油分配器处至油箱的回油管，有一处被一扎带扎得很紧，导致回油管打折回油不畅，从而造成实际轨压比设定轨压高的故障。

案例8

发动机型号：YC6J220-30。

故障现象：起动正常，但发动机在达到最高转速后自动下降1700r/min左右。甚至熄火。

处理过程：采集了相关数据分析如下图所示。

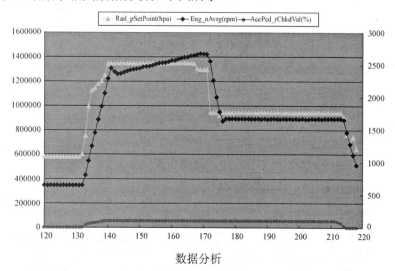

数据分析

在数据分析的同时我们从诊断仪上面还读出故障码：P1011。

从数据分析的曲线图可以看出，踩着油门踏板不放，发动机的转速上升到最高转速后就下降到1700r/min，同时轨压也下降，这说明发动机转速下降是由于轨压的下降引起的，故初步怀疑是油路问题引起的。

在发动机转速下降的同时报出故障码："轨压闭环控制模式故障0—轨压低于目标值"。

由这个故障我们立即就应该想到这是油路的问题：油路包括两个大的方面，一方面是高压部分泄漏，另一方面就是低压油路堵塞。

（1）高压部分泄漏：由于高压部分检查不是很方便，且从理论上说，高压部分出现问题的机率要小很多，常规的做法是先检查低压油路。

（2）低压油路堵塞：低压油路一般我们只能通过肉眼来检查（当然有专门的压力检测工具更加方便）。这台车我们在检查低压油路时发现从手油泵到燃油分配器的油管（燃油分配器端的）接头的孔径过小（正常的应该不小于10mm），如下图所示。

接头孔径小

处理方式：让改装厂更换了油管接头，故障排除。油管内径规格要求如下表所示。

油管内径规格要求表

	油管内径	允许油管长度	允许压力
燃油箱进油管	≥10mm	≤3m	0.5～1.0 bar
	≥11mm	≤6m	
	≥12mm	≤9m	
燃油箱回油管	≥9mm	≤6m	≤1.2 bar
	≥10mm	≤9m	

案例9：

发生地点：天津公交。

发动机型号：J61TA。

故障现象：发动机无力，加速冒黑烟，怠速不稳。

连接电脑，读取故障码，其故障码如下。

故障序号	DTC	状态	故障名称
1	P1011	超高限；历史故障	轨压闭环控制模式故障0——轨压低于目标值
2	P1018	超高限；历史故障	轨压闭环控制模式故障10——供油量过大
3	P1014	超高限；故障确认	轨压闭环控制模式故障7——overun模式供油量过大

对故障码的分析：故障码中分别出现了轨压闭环模式故障0、7、10，由于共轨油路采用的是闭环控制模式，当ECU检测到有以上故障时，就会报相应的故障码，对故障模式7和10，一般是与喷油器有关，当喷油器喷油不好或回油不好时，发动机转速不能稳定，这时ECU只有加大每循环的油量来维持转速的稳定，所以就有上述故障码出现。

CoEng_stEng (flag)	Eng_nAvrg (rpm)	LIGov_n Setpoint (rpm)	AccPed_rChkdVal(%)	APPCD_u RawAPP1 (mV)	APPCD_u RawAPP2 (mV)	Rail_pSe tPoint(h pa)	RailCD_pP eak(hpa)
4	627	650	0	752.7	361.7	639500	602100
4	618	650	0	752.7	361.7	652800	632900
4	647	650	0	752.7	361.7	661100	659300
4	610	699	92.9199	3421.3	1686.2	727600	705400
4	534	700	94.9097	3455.5	1715.5	716100	692300
4	468	700	92.0044	3377.3	1671.6	710300	672500
4	434	700	87.2925	3250.2	1608	708100	643900

从数据来看，发动机怠速明显不稳，好像有缺缸似的，而在踩油门加速时发动机转速不上升反而下降，这说明各缸的做功情况很差，结合加速时还有黑烟冒出，怀疑喷油器不能喷油或喷油雾化不良，更换喷油器试验，发动机运转一切正常。

故障原因：用户使用油品很差，低劣的油品造成喷油器损坏。

案例10：

发生地点：天津公交。

发动机型号：J610D。

故障现象：行驶中踩油门偶尔发空，加不上油。

首先电脑检查，读取故障码，其故障码如下：

故障序号	DTC	状 态	故 障 名 称
1	P0564	无效信号；历史故障	巡航控制开关不合理故障
2	P2135	无效信号；历史故障	加速踏板合理性故障
3	P2135	无效信号；历史故障	加速踏板合理性故障

对故障码的分析：对于BOSCH共轨的油门踏板，总共有6根线，即2路油门信号，每路油门信号由5V电源线、地线、信号线组成，随着踩踏油门开度的不同，油门传感器向ECU返回的信号电压也不同，ECU就是靠返回给其的油门信号电压而感应司机的不同架驶意图的，这两路油门信号又有一定的比例关系，其中1路油门线号电压无论在何种程度上约为2路油门信号电压的2倍，当这个比值相差太远时，说明2路油门信号中的1路或2路存在信号漂移，ECU检测到上述故障时，就会产生上述的故障码，从而司机就会感觉到踩油门没有反应的故障现象。

CoEng_stEng(flag)	Eng_nAvrg(rpm)	LlGov_nSetpoint(rpm)	AccPed_rChkdVal(%)	APPCD_uRawAPP1(mV)	APPCD_uRawAPP2(mV)	
发动机状态	发动机转速	目标怠速	油门开度	1 号油门信号电压	2 号油门线号电压	电压比值
4	683	650	0	757.6	430.1	1.761451
4	673	650	0	757.6	430.1	1.761451
4	653	650	0	757.6	430.1	1.761451
4	687	650	10.8887	1143.7	635.4	1.799969
4	685	650	9.6069	1158.4	620.7	1.86628
4	691	650	14.8804	1300.1	684.3	1.899898
4	665	650	10.8887	1192.6	635.4	1.876928
4	699	650	15.4175	1314.8	698.9	1.881242
4	649	650	0	767.4	376.3	2.03933
4	648	650	0	767.4	376.3	2.03933
4	650	650	0	767.4	376.3	2.03933
4	650	650	0	767.4	435	1.764138
4	651	650	0	767.4	376.3	2.03933

对采集数据的分析：从采集的数据来看，经过计算发现，1 路油门信号与 2 路油门信号不是 2：1 的关系，而是相差太远，再仔细观察，在怠速时，2 路油门信号不稳，漂移较大。

油门信号不稳，其原因主要有：

1．油门本身有问题，可以采取更换一新的油门踏板试验；

2．油门线路问题，油门线路可能存在结触不实、进水、虚接等情况；

3．可能存在信号干扰，对油门线的制作要求，我们都要求采用双绞线进行屏蔽，如果有信号干扰，也会出现信号不稳、信号不准的情况。

对提到的第 2、3 点，检查起来非常困难，往往我们在静态情况下采用万用表量取各线的通断情况来判断线路的好坏，但车辆是在行驶的，而信号干扰也往往是使用各用电设备才开始的，所以在检查这种情况的油门故障时，往往要跟车采集数据，一定要找到问题的所在。

故障检查及排除：首先怀疑是线路的问题，经检查线路各接插头，没有发现问题，于是更换一油门踏板试验，发现问题不能解决，换回原油门踏板，从数据上看都是 2 路油门信号发生了较大的漂移，怀疑是 2 路油门线号地线有问题，于是将 2 路油门的地线剪断接到 1 路油门的地线上，故障基本排除，但在该车在使用一个月后，同样的问题再次出现，这次再怎么短接地线都没法解决，怀疑是底盘的线束问题，也怀疑是存在信号干扰，但信号干扰也是线束质量问题所致，跟整车厂多次沟通要求更换线束，但他们检查后一次次地说线束没有问题，最后没有办法，我们找来 6 根屏蔽好的电话线，从 42 端插头处直接接 6 根线到油门踏板上，试车没有再次发生该故障，最后整车厂更换他们的线束，问题最终解决。

案例 11：

发生地点：天津公交。

发动机型号：J61DA。

故障现象：行驶中踩油门偶尔发空，加不上油。

首先电脑检查，读取故障码，其故障码如下：

故 障 序 号	DTC	状　态	故 障 名 称
1	P0564	无效信号；历史故障	巡航控制开关不合理故障
2	P2135	无效信号；历史故障	加速踏板合理性故障
3	P2135	无效信号；历史故障	加速踏板合理性故障

　　针对故障码，不难发现该故障是油门踏板的 2 路信号存在不匹配（超出比例值）造成的，于是采集数据并分析，其数据与案例 11 中的数据相似，但这次是 2 路油门信号都不稳，漂移较大，检查其线路没有发现问题，但该车是黄海的车，其油门踏板又不是我们所配，我们检查了引起该故障的所有方面都不能解决问题，剩下的就是油门踏板了，但黄海服务站又没有油门踏板，没办法，我们与车队沟通，更换一个我们的油门踏板，如果换后故障排除，则是油门踏板的问题，由于黄海的油门踏板接线与我们的接线不一样，我们不得不重新接线，接好后让其试验一周都没有再重复该故障，证明是他们所配的油门踏板的问题了。

案例 12：

发生地点：天津公交。

发动机型号：E240B。

故障现象：发动机怠速高，着车后怠速就是 1100r/min，踩油门没有反应。

按照电控发动机的检查步骤，首先读取故障码，故障码如下：

故 障 序 号	DTC	状　态	故 障 名 称
1	P0193	超高限；故障确认	轨压信号超高限
2	P100E	超高限；历史故障	轨压泻放阀打开
3	P0698	超低限；故障确认	传感器参考电压 3 超低限

　　对故障码的分析：传感器参考电压 3，发动机上的很多传感器的参考电压都是 5V 的，而 5V 的参考电压在 ECU 内部电路中也可以是共用的，这个传感器参考电压 3 是用于轨压传感器的，它与油门参考电压也存在一定的关系，当该参考电压 3 出现超低限时，其轨压信号不能真实感应压力信号，于是就出线轨压信号超高限的故障码，而轨压信号超高限也会引起油路的闭环控制，从而将泄压阀给冲开。

　　数据采集，不拔掉轨压传感器数据如下：

CoEng_stEng(flag)	Eng_nAvrg(rpm)	LIGov_nSEtpoint (rpm)	AccPed_rChkdVal(%)	APPCD_uRawAPP1(mV)	APPCD_uRawAPP2(mV)	Rail_pSetPoint(hpa)	RailCD_pPeak (hpa)
4	1101	1100	0	176	425.2	678200	720000
4	1099	1100	0	176	430.1	676700	720000

柴油机维修教程

CoEng_s tEng(flag)	Eng_nA vrg(rpm)	LIGov_nS Etpoint (rpm)	AccPed _rChkdV al(%)	APPCD_ uRawAP P1(mV)	APPCD_ uRawAP P2(mV)	Rail_ pSetPo int(hpa)	RailCD_ pPeak (hpa)
4	1101	1100	0	176	430.1	678400	720000
4	1099	1100	0	176	430.1	677400	720000
4	1101	1100	0	176	430.1	677800	720000
4	1100	1100	0	176	430.1	677800	720000
4	1101	1100	0	176	430.1	677600	720000
4	1101	1100	0	176	435	677500	720000

拔掉轨压传感器数据如下：

CoEng_s tEng(flag)	Eng_nA vrg(rpm)	LIGov_ nSetpoi nt(rpm)	AccPed _rChkd Val(%)	APPCD_ uRawAP P1(mV)	APPCD_ uRawAP P2(mV)	Rail_ pSetPo int(hpa)	RailCD_ pPeak (hpa)
4	649	650	0	752.7	371.5	624400	720000
4	651	650	0	752.7	366.6	624300	720000
4	650	650	0	752.7	366.6	623400	720000
4	651	650	0	752.7	366.6	624200	720000
4	653	650	0	752.7	366.6	623500	720000
4	652	650	0	752.7	371.5	623400	720000
4	650	650	0	752.7	366.6	622300	720000
4	651	650	0	752.7	366.6	622000	720000

数据分析及故障排除：通过对不拔掉轨压传感器与拔掉轨压传感器的数据对比，不难发现，在不拔轨压传感器时，油门信号 1 的电压不对，油门失效，实际轨压一直稳定在 720bar 左右，说明这时泄压阀已经打开；拔掉轨压传感器后，油门 1 信号电压正常，油门能起作用，但实际轨压还是 720bar 左右，这时泄压阀仍旧打开；通过两种数据的对比，可以看出油门能不能起作用，油门 1 的信号电压是否正常，与轨压传感器有着直接的联系，尝试更换一共轨管，故障排除。